码上学技术·蔬菜生产系列

韭 菜

生产关键技术一本通

陈建华　马培芳　等 编著

中国农业出版社

北 京

编著者名单

主　编　陈建华　马培芳

副主编　姜国霞　尹守恒　李纪军　李延龙

编著者（按姓氏笔画排序）：

马爱锄　马培芳　王　贞　王利亚

尹守恒　吕爱芹　李艺潇　李延龙

李纪军　李克寒　肖婉露　吴　迪

张　伟　张华敏　陈建华　段亚宾

姜国霞　崔蕴刚　焦子源

前言

Foreword

　　韭菜作为原产我国的传统特色蔬菜之一，属多年生单子叶宿根性草本植物，其食用价值和药用价值都非常高。韭菜中含蛋白质、脂肪、维生素、矿质元素等营养物质，尤其富含膳食纤维，能够有效促进肠道蠕动，保障肠道健康。除此之外，韭菜中含有多种生物活性成分，是我国卫生健康委员会指定的可以用于保健食品的植物。近年来的相关药理研究证明，韭菜拥有益肝、补肾、提神、健胃促消化、抗氧化、抗衰老、抗菌杀菌、降血脂、止汗固涩、行气理血、润肠通便、抗溃疡活性、清除自由基等作用。

　　我国很早就开始了韭菜栽培和利用，在长期的生产过程中，积累了丰富的种植经验，也优选出许多具有地方特色的农家品种。20世纪80年代以来，韭菜在设施栽培、品种改良、良种产业化、应用基础理论研究方面均取得了很大的进展，实现了鲜韭的周年供应，成为广大农民重要的致富门路。但是，韭菜生产中仍存在不少问题：一是随着韭菜设施生产的发展，实现韭菜周年生产供应的同时，也为韭菜各种病虫害的寄生和蔓延提供了长期生存寄主和适宜的发生环境条件，韭菜的病虫害有逐年加重的发展趋势；二是化肥和化学农药的应用，为韭菜丰产丰收提供物质保障的同时，由于其过量和无序使用，造成了部分韭菜产品的化肥和农药残留严重超标，污染了生产环境，降低了韭菜的品质，给人们的身体健康带来了一定的负面影响；三是韭菜生产品种利用方面存在多、乱、杂的现象。本书编写就是为了全面系统地总结这些经验和成果，介绍有关先进技术，推动我国韭菜生产技术水平的进一步提高。

本书共分六章，第一章主要介绍韭菜的起源、产品价值、植物学性状、生物学特性、对环境条件的要求等；第二章重点介绍韭菜的类型与优良品种；第三章、第四章为韭菜生产的关键技术，包括露地栽培和设施栽培及间作套种；第五章着重介绍韭菜的主要病虫草害及其防治技术；第六章着重介绍韭菜生产防灾减灾措施，包括影响韭菜设施生产和露地生产的灾害性天气及预防措施。六章内容自成体系，读者可根据需要参阅。

本书是在参阅了大量相关文献资料的基础上，结合生产实践编著而成。在编写出版过程中，得到了国家特色蔬菜产业技术体系韭菜品种改良岗位科学家尹守恒研究员、河南省韭菜工程技术研究中心、平顶山市农业科学院有关单位与领导的关心和支持，在此一并谨致谢意。

由于参加编写人员较多，水平有限，不足之处在所难免，敬请广大读者、同行批评指正。

编著者

2021 年 1 月 25 日

目 录
Contents

韭菜露地栽培关键技术

旋耕　　　踩线　　　踩线效果　　　打畦　　　整畦效果

整畦浇水　　浇水后的畦　　撒种　　　覆土　　　覆土后整平

除草剂覆盖　　盖地膜　　盖好地膜的畦

韭菜设施栽培关键技术

拌基质　　　装穴盘　　　播种　　　播种后盖土　　　摆穴盘

摆穴盘后记录　摆好的穴盘　　盖地膜　　盖好地膜浇底水

01

第一章　概述

　　按照 APG Ⅳ 分类系统，韭菜属于石蒜科（Amaryllidaceae）葱属（*Allium*）多年生草本植物。狭义的即植物分类角度上的"韭"是指：韭（*A. tuberosum*）。而广义的即食用角度上的"韭"则主要包括：韭、宽叶韭（*A. hookeri*）、野韭（*A. ramosum*）等，另外还有山韭、雾灵韭、太白韭、多星韭等一系列野生韭。而本书在没有特别说明的情况下，只针对韭进行阐述。

　　韭菜是多年生单子叶宿根性草本植物。丛生，叶细长扁平而柔嫩，绿色，开小白花。质嫩而辛香，含有丰富的胡萝卜素、维生素 C、维生素 B_2、糖分、脂肪、纤维素和对人体十分有益的钙、铁、锌、钾等矿物质以及挥发性极强的辛香类物质——硫化丙烯，因此，韭菜是一种营养价值较高的调味蔬菜。韭菜的叶片、叶鞘、韭薹、韭花和幼嫩蒴果等都可食用，它不仅可以切碎拌馅炸制春卷，包成饺子、包子、卷制菜蟒，还可以做成各种各样的热炒菜、凉拌菜和汤类。加工腌制以后可以做成各种各样的腌韭菜、腌韭花、腌韭泥和腌韭花酱。韭菜还有极高的药用价值，它的根、叶、种子都可入药。韭菜叶片含有较多的粗纤维，人们食用后不仅可以补充人体必需的营养物质，而且粗纤维可以促进人体肠胃蠕动，加快人体肠胃排空，有开胃消食、增进食欲的作用。种子含有大量的生物碱和皂苷，具有补肝肾、暖腰膝和壮阳固精的功效。韭根含有丰富的硫化物、苷类和苦味质，具有温中、行气、散瘀和解毒之疗效。因此，韭菜是一种食用和药用价值都很高的食药同源的营养保健蔬菜。

　　在长期的生产实践中，人们对韭菜的特征特性有了比较系统的了解和掌握，根据韭菜多分布于山坡背阴冷凉低洼处的分布规律，发现韭菜喜欢冷凉和湿润的气候条件。韭菜在春秋冷凉气候条件下生长发育良好，在冬季和夏季生长表现不良，但是如果采用夏季遮光降温、冬季设施保护增温栽培也能取得良好的生产效益。在生产应用过程中，还根据当地的韭菜种质资源分布，在当地气候条件的综合作用下，对自然变异后代进行定向优选，驯化出了许多适应当地气候条件的优良地方农家品种，为当今的韭菜育种工作积累了丰富的遗传种质资源。

在我国，韭菜很早就开始了栽培和利用。从韭菜的生产方式看，有青韭即韭菜和韭黄两大类不同的栽培方式。单从青韭生产来看，全国各地的生产方法也各不相同，有直播和育苗移栽，特别是近年来塑料薄膜在农业生产上的应用，极大地促进了韭菜设施栽培技术的完善和发展。韭菜生产在春夏秋季有露地栽培，冬季有日光温室、塑料大棚、中拱棚、小拱棚、阳畦栽培、风障等栽培方式，实现了韭菜四季不间断生产。夏季遮阳网的应用，为韭菜周年生产供应提供了有效保证。化学农药的应用使韭菜的各种病虫害得到了有效控制。化肥的推广为韭菜的高产高效提供了丰富的养分，为韭菜生产的发展起到了较大的推动作用。

但是，韭菜生产中还存在不少问题：一是随着韭菜保护地生产的发展，实现韭菜周年生产供应的同时，也为韭菜各种病虫害的寄生和蔓延提供了长期生存寄主和适宜的发生环境条件，韭菜的病虫害有逐年加重的发展趋势。二是化肥和化学农药的应用，为韭菜丰产丰收提供物质保障的同时，由于过量和无序使用，造成了部分韭菜产品的化肥和农药残留严重超标，污染了生产环境，降低了韭菜的品质，给人们的身体健康带来了一定的负面影响。三是韭菜生产品种利用方面存在着多、乱、杂的现象。一方面，尚有部分农民在生产中采用地方农家品种，品种退化、老化和杂化现象严重，抗虫抗病能力弱，病虫害发生严重，影响了韭菜的产量、品质和效益。另一方面，由于目前蔬菜种子经营监管力度不够，市场秩序比较混乱，一些种子经营企业，见利忘义，不顾农民利益，侵犯科研单位的知识产权，以假乱真，造成了种子市场真假不分，真假难辨，阻碍了科技成果的快速转化。四是部分菜农生产上存在着一些错误认识，在化学肥料使用上认为越多越好，造成肥料的过量使用，不仅没有增产，而且造成了严重的肥害。还有一些农民在病虫害防治方面存在着有病无病常用药的盲目用药现象，不仅加大了生产投资，而且降低了韭菜品质，影响和制约着韭菜无公害生产进程。

解决韭菜生产中存在的这些问题，需要方方面面的努力。第一，农业种子管理部门要加大种子市场的执法管理力度，强化执法意识，改变韭菜种子市场的无序混乱状态。第二，韭菜育种的农业科研单位，要强化科研服务意识，以满足农民的需要作为科研育种的研究目标，加快高新技术成果在韭菜育种上的应用。第三，加大韭菜新品种及其相配套的无公害栽培新技术的推广应用，改变韭菜生产中的不良习惯，采取科学的施肥用药方法，推广配方施肥，坚持预防为主、防治结合的病虫害防治原则，加强病虫的预测预报，以减少病源和虫源为先导，实行综合防治。第四，建立良好的科研、生产、销售和消费运行机制，让韭菜真正服务人民造福社会。

第一节　韭菜的起源及栽培现状

一、韭菜的历史渊源

"韭"为象形字。《说文解字》中解释："韭，菜名。一种而久者，故谓之韭。象形，在一之上。一，地也。"即下面的一长横代表平坦的地面；两竖和每竖上的各三短横则代表韭菜叶部向外开张披展的状态。

作为原产我国的传统蔬菜，韭菜在我国古代是一种祭祀用品。如《礼记·曲礼》《诗经·七月》《清史稿·礼志》中均有记载。韭菜之所以跻身祭祀用品之列，是因为它具有"剪而复生"的生长特点和"久而不绝"的象征意义，古人借它以寄托子嗣昌隆的美好祝愿。

韭菜固然有其庄严神圣的寓意，但其实更是古代劳动人民简朴饭菜中不可或缺的一分子。

既然用来作"穷春盘"，可见其身价之普通，又可见其风味之独特，于是自然而然，韭菜在历代文人笔下就被赋予了淳朴真我的气质。如《南史·周颙传》："清贫寡欲，终日长蔬食……文惠太子问颙：'菜食何味最胜？'颙曰：'春初早韭，秋末晚菘。'"又如唐代杜甫《赠卫八处士》诗云："夜雨剪春韭，新炊间黄粱。"北宋苏轼《送范德孺》诗云:"渐觉东风料峭寒,青蒿黄韭试春盘。"南宋陆游《自笑》诗云:"平章春韭秋菘味,拆补天吴紫凤图。"而元代许有壬的《韭花》"西风吹野韭,花发满沙陀。气校荤蔬媚,功于肉食多。浓香跨姜桂,馀味及瓜茄。我欲收其实,归山种涧阿。"可谓道尽韭菜味道之妙。

我国韭菜栽培历史悠久,古代众多农书,如北魏贾思勰《齐民要术》、元代王祯《农书》、明代徐光启《农政全书》、清代蒲松龄《农桑经》等著作中均有关于韭菜栽培的详细介绍。

二、我国的韭菜资源

栽培韭原产中国,包括韭和宽叶韭的各个栽培品种。目前,在吉林、内蒙古、河北、山西、陕西、甘肃、青海、新疆、西藏、四川、云南、湖北等地均有韭的野生群落分布。而宽叶韭野生分布区主要是福建、浙江、湖南、湖北、陕西、四川、贵州、云南、西藏等地。

除栽培种外,我国还有众多野生韭。比如野韭,主要分布在辽宁、吉林、黑龙江、内蒙古、河北、山东、山西、陕西、甘肃、宁夏、青海、新疆等地的背阴山坡或草地上。此外,还有山韭、太白韭、青甘韭、多星韭、蒙古韭、滇韭、昌都韭等。

三、韭菜的栽培现状

目前全世界韭菜栽培区主要分布在亚洲东南部。除我国是第一大种植国外,北至萨哈林岛(库页岛)、朝鲜,南至越南、泰国、柬埔寨,东至夏威夷群岛,均有栽培。我国韭菜栽培分布地区广阔,几乎全国各地都有。2016年,全国韭菜栽培面积近40万公顷,总产值600亿~700亿元,净产值270亿~330亿元,栽培面积在特色蔬菜中仅次于辣椒、大蒜和大葱,在蔬菜市场供应中的地位居葱蒜类蔬菜之首。主产省份为山东、河南、河北、辽宁等。山东、河北和河南韭菜种植面积都稳定在4万公顷左右,产量稳定在200万吨左右,生产集中度较高;安徽、甘肃稳定在1万~1.3万公顷。

从韭菜产品结构方面来看:设施青韭主要分布在河南、山东、河北、安徽等地;露地青韭主要分布在河南、河北、江苏、海南等地;

根用韭主要集中在云南、贵州、四川、西藏等地；韭花生产主要集中在河南、江苏、安徽、福建、海南、湖北等地；韭黄生产主要集中在四川、山东、贵州、河南、江苏、广东等地。

第二节　韭菜的产品价值

一、韭菜的食用价值

韭菜作为原产我国的传统蔬菜之一，其食用价值自然居各价值之首。从营养角度来看，每 100 克韭菜中，含蛋白质约 2.4 克、碳水化合物约 4.6 克（其中膳食纤维约 1.4 克）、脂肪约 0.4 克，维生素 A 约235 毫克、维生素 C 约 24 毫克、维生素 E 约 0.96 毫克、胡萝卜素约1 410 毫克，以及钾、硫、磷、钙、镁等 20 余种矿质元素。韭菜不仅味道鲜美，还因其叶和根含有挥发性精油、硫化物、苷类及苦味质等，有香辛味，可促进食欲。

韭菜多以青韭上市，叶肥色绿，脆嫩爽口，气味香辛。在大众常识里，韭菜属于高纤维蔬菜，其实不然。其膳食纤维含量与芹菜一样，仅位居中等。但韭菜之所以受到广大群众的喜爱，最重要的原因在其独特的风味。包括韭菜在内的葱属植物之所以具有一种特殊的辛辣味，是因为一系列含硫有机化合物的存在（比如二甲基二硫醚、烯丙基二硫醚、二甲基三硫等）。在韭菜挥发性物质中，这类含硫化合物占 90% 左右，其余成分为醛类、芳香类、酯类、杂环类、酮类。韭菜凭其独特的气味，有"蔬中之荤"之称，用来做菜，荤素咸宜，这才是其食用价值的关键所在。

研究表明，韭菜籽中含有大量的植物油，且不饱和脂肪酸尤其是亚油酸含量很高。另外，还含有油酸、肉豆蔻酸、角鲨烯、β-谷甾醇等。亚油酸属于必需脂肪酸，只能从食物中摄取，不能在人体内合成。不同品种韭菜籽中的亚油酸含量因遗传基因、生长环境等而存在差异。但目前关于韭菜籽油的科学报告尚属寥寥。

二、韭菜的药用价值

韭菜籽中含有生物碱及皂苷，可入药；含大蒜素和硫化物，有杀

5

菌作用，可治疗肠炎、下痢等，对痢疾杆菌、伤寒杆菌、大肠杆菌和金黄色葡萄球菌有抑制作用；含胡萝卜素较多，对夜盲症和皮肤粗裂有疗效；含抗血酸，对牙龈出血、坏血病有益；含钙、磷等有利于促骨骼和牙齿发育；含铁有利于造血；含较多纤维素，可促进肠壁蠕动帮助消化、大便畅通，使废物顺利排出。韭菜中含的挥发性精油、硫化物和粗纤维等，有降低血脂、扩张血管的作用，经常食用韭菜，对高血脂和冠心病患者有益。韭菜还含有大量纤维，能增强胃肠的蠕动能力，加速排出肠道中过剩的营养及多余的脂肪。

韭菜还有杀菌作用，取新鲜韭菜洗净消毒榨汁，浸纱布条敷于烧伤疮面上，可防止绿脓杆菌感染。韭菜生食味辛热而散血、活血，熟食味甘温而补中，有温中下气、补肾益阳、健胃提神、调和脏腑、理气降逆、暖胃除湿、散血行淤及解毒作用，适用于阳痿遗精、腰膝酸痛、腹冷痛、胃虚寒、噎膈反胃、肠炎泄泻、便秘遗尿及妇女经痛等症。

《本草拾遗》中记载："韭温中、下气、补虚，调和脏腑，令人能食；益阳，止泄血脓，腹冷痛，并煮食之。叶及根生捣绞汁服解药毒。疗狂狗咬人欲发者，亦杀蛇、虺、蝎、恶虫毒。俗云韭叶是草钟乳，言其宜人……在菜中，此物最温而益人，宜常食之。"据《本草经疏》记载："韭生则辛而行血，熟则甘而补中，益肝散淤导滞。"韭菜因温补肝肾，助阳固精作用突出，所以又有"起阳草""长生韭"之名，这均说明韭菜有很好的药疗作用。

自古以来，韭菜被视为药食同源的植物。其药用价值，如"温补肝肾，助阳固精"之功效，在鱼龙混杂的古代医书和民间偏方中被津津乐道，但其实并没有通过现代科学的验证。韭菜中的含硫化合物、锌、维生素 C 等物质，对身体有一定好处，但与性功能没有直接联系，而且这些营养物质在其他食物中也有。

第三节　韭菜的植物学性状

韭菜为石蒜科葱属，多年生单子叶草本宿根植物。在一般情况下，韭菜种子播种后，从第一片真叶出现到定植为幼苗期，历时 80～

100 天。从定植到 4 年生植株为壮苗期。进入第 5 年以后，逐渐进入衰老期，植株生理机能衰退，生长势弱，跳根现象严重、分蘖减弱，鲜韭和种子产量明显降低，商品性变劣，需要更新换代。如果加强水肥管理、培土等措施，其生产寿命也可延长。

一、根

韭菜的根系为肉质须根系。由于胚根发育的主根不发达，而主要由从茎节长出的不定根组成，因不增粗，各条根粗细近似，没有明显的主根和侧根之分，丛生如须。一般韭菜的根系由 40 多条须根组成。肉质根系具有较强抗旱能力，其肥水吸收能力相对较弱，多喜欢湿润透气的生长环境，根系呼吸强度大，怕积水缺氧的厌氧条件。

随着韭菜的不断分蘖，韭菜的根状茎越来越长。因须根寿命短，所以根状茎上的老根逐渐失去活力直至死亡，将吸收水肥的任务交给鳞茎盘周围形成的新根，如此新旧交替，故而韭菜可以进行多年生长。但因新根比老根位置靠上，所以整个根系会逐渐上移，出现跳根现象。出现严重跳根以后，应及时更新。老根更新时挖出植株，剔除地下分枝状茎，利用老苗重新定植，或播种育苗用新苗进行更新。

韭菜的根系不仅具有一定的吸收功能，还能贮藏养分。尤其在越冬休眠期间，地上部枯萎，植株体内的养分便都贮存到地下的茎和根中，为来年早春的萌发奠定基础。

二、茎

韭菜的茎为地下变态茎，包括近圆柱形的鳞茎和倾斜的横生根状茎。

所谓鳞茎，即茎变成节间压缩的盘状，其上着生的肉质叶层层包裹形成"假茎"。韭菜的鳞茎是有皮鳞茎，即最外层的叶不呈肉质而呈纸质，且破裂成纤维状，呈网状或近网状。鳞茎盘着生有大量的分生组织，向下分生根系，向上分生叶片、蘖芽和花器官，决定着整个植株的生长发育状况。鳞茎盘肥大充实，韭菜根系发达，叶片宽大肥厚，植株长势强，生长旺盛；反之，如果韭菜鳞茎盘受病虫危害，轻则影响根系和叶片的生长发育，重则可导致整株死亡。

至于韭菜的根状茎，其实是随着韭菜的不断分蘖，由蘖芽之下失去分化能力的茎节形成的，年复一年越来越长，形似根。但因有明显的节与节间之分，所以可与真正的根相区分。根状茎是韭菜重要的营养贮藏器官。

三、叶

韭菜叶片由上部的叶身和下部的叶鞘两部分组成，是韭菜的主要食用部位。单株叶片数为4～9片。叶身呈实心的扁平狭条状，基部与闭合的叶鞘相连。叶鞘呈圆筒状或扁圆筒状，在鳞茎盘上层层排列，形成圆柱体，通常称之为"假茎"。假茎的长度和直径因品种、生育时期和栽培管理条件的不同而有较大差异。一般情况下，宽叶型品种比窄叶型品种的叶鞘粗；生长环境的光照越强，叶鞘越短；栽培深度越浅，叶鞘越短。

绝大多数韭菜品种的叶表面都覆有蜡质层，其作用是降低叶片的蒸腾作用从而抵御干旱。蜡质层的薄厚在不同品种之间存在差异。

四、花

韭菜植株生长到一定大小，在低温春化作用和长日照条件下，于4月底至5月初进入花芽分化阶段，进而抽薹开花。

韭菜的花薹，俗称"韭薹"，呈半圆柱状或圆柱状，并具2或3棱，下部被叶鞘。总苞单侧开裂或2～3裂，宿存。顶生1个圆锥形花苞，花苞白色，有淡绿色的条纹，苞内有1个花序。花序为伞形花序，每个花序有1～8个生长点，小花从每个生长点周围自外向内分化，无限生长花序，一般情况下每个花序有50～300朵小花。

伞形花序半球状或近球状，小花梗近等长，比花被片长2～4倍，基部具小苞片，且数枚小花梗的基部又被1枚共同的苞片所包围。韭菜花为完全花，由花梗、花托、花冠、雌蕊和雄蕊组成。花冠白色，分内外两轮花被片。外轮花被片呈矩圆状卵形至矩圆状披针形，先端具短尖头；中脉在背面隆起，蕾期呈紫褐色、绿色或浅绿色，花期呈绿色或浅绿色。内轮花被片较外轮宽，呈矩圆状倒卵形，稀为矩圆状卵形，先端具短尖头或钝圆；中脉一般不明显，但亦有呈绿色或浅

8

绿色。

韭菜花为两性花，由花柄、花冠、雌蕊和雄蕊等器官组成。雄蕊6枚，由花丝和花药构成，花丝白色，等长，为花被片长度的 $2/3\sim4/5$，基部合生并与花被片贴生，合生部分高 $0.5\sim1$ 毫米；花药为黄色、紫褐色或黄褐两色相间，纵裂，花粉黄色。雌蕊1枚，由3个心皮构成。柱头初期呈针状，成熟后近球形，白色透明并产生分泌物，即所谓"湿柱头"。子房呈倒圆锥状球形，具3圆棱，外壁具细小的疣状突起。

另外，除正常花形外，还有一种畸形花：花被片在蕾期抱合松弛，在花期皱缩呈爪状，雄蕊存在瓣化现象。

五、果实与种子

韭菜的果实为蒴果，呈倒圆锥状球形，分为三室，每室有 $1\sim2$ 粒种子。成熟蒴果为淡黄褐色，沿腹缝线纵裂。

韭菜种子呈盾形，长约3毫米，宽约2.5毫米，厚约1.4毫米，千粒重 $4\sim6$ 克；背面稍凸，腹面微凹，但差别不明显；种脐突出；种皮黑色，厚而坚硬，布满细密的皱纹，外被蜡质层，不易透水透气，所以发芽较慢，在育苗前应先浸种约20小时，等种子充分吸收水分后再催芽播种。韭菜种子的寿命较短，在自然条件下仅可存放一年左右，时间过久便会丧失萌发力，所以生产上播种多用当年收获的种子。

韭菜种子大小因品种不同差异较大，并且种子大小与韭菜的植株长势呈正相关。一般宽叶型韭菜种子大而重，窄叶型韭菜种子小而轻。

第四节 韭菜的生物学特性

韭菜栽培历史悠久，在漫长的生产实践中，广大劳动人民对韭菜已经有了深刻的认识，基本上了解了韭菜多年生、分蘖、跳根和休眠等生物学特性。

一、多年生性

韭菜为多年生宿根草本植物，入冬后地上部枯萎，养分回流至地下根茎，待来年气候条件适宜时萌发新叶。只要养分、水分充足供应，温度、湿度、光照和空气条件适宜，不受病虫危害，韭菜便可以经年持续生长。然而在实际生产中，一般韭菜的种植年限以 3～4 年为宜。一是因为韭菜具有分蘖性，随着种植时间的延长，植株密度越来越大，个体生长发育空间越来越小；二是因为韭菜具有跳根性，根系逐渐上浮，导致养分、水分供应不足；三是因为病原、虫源逐渐积累。以上多方面因素致使韭菜在种植几年后，产量减少，品质变差，病虫害防治成本增加，经济效益下降。因此，韭菜种植 3～4 年以后必须及时更新。

二、分蘖性

韭菜通过分蘖，不断形成新的植株，淘汰老的植株，同时使群体密度越来越大。可见，其分蘖性不仅关系到韭菜的个体发育，也关系到韭菜的总体产量。因此，掌握并利用韭菜分蘖规律，对韭菜的高产高效栽培具有重要意义。

要弄清韭菜分蘖的机理，首先需要了解韭菜生长点与腋芽原基的概念。所谓生长点，即韭菜鳞茎盘中央如锥状的结构，故又名"生长锥"。生长锥四周着生若干叶原基（即叶的雏体）和幼叶，它们的体积和发育程度自内向外逐渐递增。除自顶向下的第 2、3 个叶原基外，每个叶原基和幼叶的腋部都具有腋芽原基，即腋芽的雏体。当韭菜幼苗长到 5～7 片叶时，在内外环境条件适宜的情况下，腋芽原基便会发育成腋芽，进而由腋芽分化出叶和根，形成结构完整的新株，与母株分离。

韭菜分蘖不仅要求植株达到一定的大小，而且表现出明显的季节性。分蘖能力的强弱，既与韭菜的品种有关，又受到株龄、种植密度、栽植深度、养分供应情况等多种因素的影响。

（1）韭菜分蘖要求植株营养体必须达到一定大小。一般情况下，韭菜种子萌发 45～50 天，苗株发育到 5～6 片叶时，才具有分蘖能力。

（2）韭菜分蘖具有较强的季节性。一般每年分蘖 1～4 次；3—6 月和 8—11 月两个时间段，既是韭菜营养生长的高峰期，又是韭菜分蘖的高峰期。

（3）不同品种的韭菜分蘖能力差异较大。相关试验结果表明：首先是豫韭菜一号、平丰 1 号等品种分蘖能力最强；其次是赛松、平韭 4 号、平丰 6 号、平丰 8 号、韭宝；791、洛阳钩头韭、汉中冬韭等品种的分蘖能力次之；嘉兴白根和犀浦韭又次之；山东大青根和日本宽叶韭的分蘖能力最弱。

（4）韭菜的分蘖能力与种植密度呈负相关。试验结果表明：平韭 4 号每亩*种植 8 万株时，年平均单株分蘖 6.47 个；每亩 15 万株时，年平均单株分蘖 3.84 个；每亩 30 万株时，年平均单株分蘖 2.17 个；当每亩达到 45 万株时，年平均单株分蘖仅有 1.42 个。

（5）株龄越长，分蘖能力越弱。种子播后的第 1～3 年，植株长势强，分蘖能力亦强；以后随着种植时间的延长，植株长势减弱，分蘖能力也减弱。

（6）营养状况好，则分蘖能力强。韭菜的分蘖能力主要取决于植株的营养状况，而营养状况又受水肥、光照、温度、湿度、采收情况等多种因素的影响。一般而言，当肥水充足，光照度为 2.5 万～4 万勒，气温为 15～25 ℃，空气相对湿度为 65％～80％时，既有利于改善营养状况，又有利于韭菜分蘖。生殖生长会消耗韭菜的营养物质，不利于韭菜的分蘖，所以要及时采摘嫩薹。收割次数过多也不利于韭菜养分的积累，因此要适度收割，维持植株营养平衡，使韭菜的营养生长和分蘖正常进行。

三、跳根性

韭菜出现根系上浮，下部老根逐渐衰老死亡，上部新根不能及时产生，根系变小，吸收肥水能力减弱，不能及时充足供应肥水，致使植株生长势减弱，商品性状和品质变差，产量下降，韭菜寿命缩短。

韭菜的跳根性涉及两方面原因：

1. 韭菜具有分蘖性 由于顶端优势的存在，靠近生长点（即位于芽轴上端）的腋芽原基要比远离生长点（即位于芽轴下方）的腋芽原基优先发育成蘖芽，进而由蘖芽分化出新的叶片和新的不定根。随

---

* 亩为非法定计量单位，1 亩＝1/15 公顷。——编者注

着上位腋芽的不断发育，鳞茎盘靠下方的各节失去分化腋芽的能力，经年累月便形成了根状茎。

2. 韭菜的不定根寿命短且入土浅　因为韭菜的根系为须根系，由从鳞茎盘和根状茎上长出的不定根组成。这些不定根不进行次生生长，寿命短。根状茎上老的不定根失去活力陆续死亡；同时，鳞茎盘上新的不定根逐渐形成，但因为入土浅，所以使根系整体上移，即所谓"跳根"。

由此可见，跳根是韭菜正常的生理特征，不可避免。韭菜分蘖能力越强，其跳根便越严重。另外，收割次数越多，跳根现象越明显。一般而言，每年收割4～5次，韭菜跳根高度为2～3厘米。

跳根会给生产上带来不利影响。首先，因根系上浮，植株容易倒伏；其次，根系越靠近土表，其周围环境的温湿度和养分变化越大，无法正常吸收土壤养分，不利于植株生长；最后，韭菜的分蘖次数也会减少，从而影响韭菜的产量。可以通过以下措施来缓解这些不利影响，具体包括：

（1）选用分蘖能力较弱的品种，同时提高种植密度。

（2）若选用分蘖力强的品种，则适当深栽，收割后及时培土。

（3）定植前施足底肥，定植后适当深施追肥。

（4）每年早春萌发前，及时剔根培土。所谓剔根，即用竹签或铁棍将株间土壤剔出，直至看到根部，然后将挖出的土壤摊于行间晾晒3～5天。剔根完毕后，进行培土，一般来说每次培土厚度以2～3厘米为宜。

四、休眠习性

休眠是绝大多数植物共有的特性，是植物对环境条件的一种适应性反应。韭菜的休眠特性，可分为自然休眠和被动休眠。

1. 自然休眠　自然休眠是由韭菜的内在因素决定的，即便给予适宜生长的环境条件，也不能使其萌动和生长。不同的韭菜品种，其自然休眠期的长短和休眠时的状态也不同。如平韭4号、平丰6号、平丰8号、赛松、韭宝、航研998等品种，不仅自然休眠期短，而且休眠深度浅，外观上只表现出地上部短暂的缓慢生长，经过10～15天后只要环境条件适宜，便又马上进入旺盛生长期；嘉兴白根、津引 1 号和 791 等品种的自然休眠则较长，通常为 15～25 天；豫韭菜一号、豫韭菜二号、平丰 1 号、钩头韭、马蔺韭、上海强韭等品种自然休眠期为 30～55 天，且休眠时地上部全部枯萎。

2. 被动休眠 被动休眠是指韭菜完成一定时间的自然休眠，植株体内已发生一系列的物质转化，具备生长发育的内在条件，但由于低温等外界条件的制约，仍不能正常生长的现象。韭菜被动休眠期的长短，主要由外界环境条件和栽培方式决定。一般而言，我国南方地区，冬季气温相对较高，低温期短，所以被动休眠期很短暂甚至不存在；北方地区冬季温度低，且低温期持续时间长，故而韭菜被动休眠期也长。相对于露地栽培，保护地栽培可以有效缩短韭菜被动休眠期。通过地膜、小拱棚、中拱棚、塑料大棚、日光温室等设施，可提高早春地温和气温，提供适宜的生长环境，解除韭菜的被动休眠。

第五节　韭菜对环境条件的要求

韭菜在我国栽培已有 3 000 多年的历史，在漫长的生长过程中，韭菜生长已习惯于自成体系的生态环境。因此在生产中，要熟练掌握韭菜生长发育需要的温度、光照、水分、土壤养分等特点，创造韭菜生长适宜的外界环境条件，满足韭菜生长需要，才能实现高产、优质、高效。

一、温度

韭菜喜冷凉气候，能抵抗霜冻。一般秋后初霜来临，韭菜地上部并不萎凋，直到初冬气温降到 0 ℃以下时，才开始显现出枯萎状态，以根株安全越冬。抗寒品种在气温降至 $-9～-7$ ℃时，外部叶片才逐渐枯萎，但心叶仍可正常生长。地下根茎在气温降至 -40 ℃也不会冻死。

韭菜在不同生育时期对温度的要求不同。发芽期的适宜温度为 15～20 ℃，最低为 2～3 ℃；幼苗生长期的适宜温度为 12 ℃以上；叶片形成旺盛期的适宜温度为 12～24 ℃，在 15 ℃左右叶片的光合作用最强，生长速度最快；抽薹开花期对温度的要求偏高，一般为 26 ℃左右。

在适宜温度范围内，韭菜的生长速度与温度呈正相关。露地韭菜从萌发到第一次收割，约 40 天，日平均气温为 5～12 ℃；春季第二刀韭菜的生长需 28～30 天，日平均气温为 12～17 ℃；春末夏初，日平均气温达到 20～24 ℃时，25 天即可收割一刀。但日平均温度超过24 ℃时，植株便开始生长迟缓，品质变劣，并逐渐进入高温歇伏状态。因此，一般春季的 4—5 月和秋季的 8—10 月是韭菜生长量最大、品质最佳的时期。

另外，韭菜生长对温度的要求会受其他环境因子的影响。比如在温室栽培条件下，20 天左右就可收割一茬韭菜，由于室内空气湿度大，光照度偏弱，所以虽然室温高达 28～30 ℃，但并不会影响韭菜的品质。

不同韭菜品种对温度的适应性也不同。比如平韭 4 号、平丰 8 号、韭宝、航研 998 等冬季非休眠品种，在日平均气温为 3 ℃，最低气温为 -7～-3 ℃时，植株仍保持 2～3 片绿叶，心叶仍以每天 0.7 厘米的速度生长，冬季基本不回秧。而豫韭菜一号、洛阳钩头韭等冬季休眠品种，当日平均气温降至 6 ℃时，地上部已全部枯萎。

二、光照

韭菜属长日照植物，且喜中等强度光照，多生于山阴处，光照度以 2.5 万～4 万勒为宜，过高或过低都会影响韭菜的生长。光线过强，韭菜叶片生长速度变慢，碳水化合物的转化方向发生改变，淀粉和可溶性糖含量减少，纤维素合成增多，叶片颜色深绿，叶肉粗硬，质地粗糙，风味差，品质变劣；光线过弱，则叶片颜色变淡，光合作用效率变低，光合有机产物的积累变少，叶片伸长速度较快，植株薄壁细胞增多，细胞内含物减少，纤维素合成较少，柔嫩多汁，口感较好。遮光条件下生产韭黄就是这个道理。但由于光合效率低，韭黄产量一般较低，所以应选择肥壮粗大的根株，同时让韭黄生产与青韭生产交替进行，兼顾生产与养苗。

越冬保护地生产青韭，如果长期弱光，也会使植株的光合效率降低，植株瘦弱，分蘖减少，根系不发达，产量降低。而如果韭菜根茎在休眠前贮存了大量养分，形成了较肥大的鳞茎，也可在弱光条件下正常生长，但应适当延长生长期，生产一刀韭菜一般需 35～40 天，而且连续收割刀次不要过多，一般以 2～3 刀为宜，否则会过度消耗根株养分，不仅影响当茬的韭菜产量和品质，还会影响植株长势和下茬的产量。

三、水分

韭菜的根系为肉质须根系，分布相对较浅且范围较小，根系分枝少，所以吸收水肥的能力较弱。韭菜叶片狭长而扁平，且表面覆有蜡粉，所以蒸腾量较小。以上这些结构特点决定了韭菜喜湿、怕涝和耐旱的特性。

韭菜生长要求的空气相对湿度为 65%～80%，过大或过小均不利于韭菜的正常生长。空气湿度过大时，叶片生长加快，变得长而薄，气孔处于完全开张状态，极易导致真菌的侵入，因此进行保护地栽培时，要加强通风管理，适当降低空气湿度。而如果空气湿度过小，叶片生长速度减慢，变得短而厚，颜色较深，粗纤维较多，若根部水分又供不应求，便容易出现干尖现象。

韭菜在不同的生长发育阶段对水分的要求有所不同。由于韭菜种皮坚硬，水分不易渗入，因此种子发芽需要较高的土壤含水量，一般在 90%左右才能使水分透过种皮角质层。幼苗出土后，苗高 10 厘米以下时，根部吸收水分的能力较弱，且植株的生长主要依靠胚乳供给养分，而只有保持较高的土壤湿度才能使养分顺利运转。当苗高达到10 厘米以上时，根系具备了自主吸水能力，这时土壤含水量保持在65%～75%即可。

早春气温偏低，蒸发量小，应少浇水或不浇水，以防地温下降影响幼芽萌动和根系活动。4—5 月和 8—9 月是韭菜旺盛生长期，水分需求量增多，因此要结合施肥，适当增加浇水次数和浇水量。到了炎热的夏季，韭菜会出现歇伏现象，光合作用减弱，呼吸作用增强，植株生长缓慢，叶部纤维增加，产品品质下降。因此，如果雨量过多，要注意排涝；但若遇干旱，不及时浇水也会降低产量和品质，还会导致蓟马危害。

四、土壤养分

韭菜对土壤的适应能力很强，无论沙土、壤土还是黏土均适宜韭菜栽培。但为了提高产量，要根据具体的栽培方式来选择和培养适宜的土壤类型。

一般大田栽培，要选择富含有机质、质地疏松、透气性强的壤土，以利于韭菜根系的生长。在此基础上，适当添加基肥，并及时追肥，就能使韭菜生长健壮，优质高产。

韭菜对贫瘠的土壤有一定的适应能力，但要想实现高产，就必须改良土壤。一般在韭菜定植前，结合整地每亩施 5 000 千克优质农家肥作底肥；定植后，根据季节变化、生长状态和收割情况，进行不同程度的追肥。特别是 2～5 年生韭菜，生长势强，需肥量大，更要根据韭菜的生长表现，加大追肥量，以保证持续丰产。

黏土质地黏重，耕性差，通气透水性差，春季回暖慢，冬季易龟裂，有机质分解慢，施肥后见效迟。但增施有机肥，促进土壤中微生物活动和繁殖，加大土壤透气性，同样可以进行韭菜丰产栽培。

沙土质地疏松，透水透气性好，但养分含量少，保肥保水性差，因此需要多施农家肥、生物菌肥和有机肥，以提高土壤肥力。不过，这类土壤最适宜温室屯韭栽培的根株培养。温室屯韭栽培是指将生长在露地上的根株掘出，移至温室中进行屯栽，以促其发芽生长。而只有生长在沙土上的韭菜根株，在掘出时才能保证其完整无损，这是温室屯韭获得高产的关键。

韭菜除能适应以上土壤类型外，还能在轻盐碱地（pH 为 7.1～8.5，含盐度在 0.3% 以下）进行栽培。在不同的生长阶段，其耐盐碱能力存在差异。幼苗耐盐碱能力最差，当土壤含盐量超过 0.15% 时，应在配土苗床上育苗。随着株龄的增长，韭菜的耐盐碱能力逐渐提高，只要土壤含盐量不超过 0.25%，韭菜仍可获得高产。

韭菜在不同生长发育阶段，需肥量也有差异。1 年生幼苗，根系尚未发育充分，需肥量较少；而 2～4 年生韭菜正是营养生长、产品收获的盛期，需肥量明显增大。春季是韭菜年生长周期中的第一个高峰，在韭菜尚未萌发前，每亩施优质腐熟农家肥 5 000 千克左右，结合锄地翻入地下，随后浇水，可为韭菜的全年生长奠定基础。秋季则是第 2 个生长高峰，既要生产青韭，又要为冬季休眠积累充足的养分，因此不仅要"刀刀追肥"，还要在韭菜地上部枯萎前 40 天左右停止收割，并在进入 10 月中旬追肥一次，以培肥韭根。春秋两季主要是促进植株的营养生长，施肥以氮肥、磷肥为主；而夏季是韭菜的生殖生长期，要以磷钾肥为主，促进抽薹攻籽，提高韭花或种子产量。

02

第二章 韭菜的类型与优良品种

　　我国作为韭菜的发源地，栽培历史悠久，具有丰富的种质资源。韭菜在全国各地广泛种植，而我国多样的气候条件也造就了韭菜种质资源的多样性，经过长期的生产实践形成了许多性状优良、类型各异的韭菜栽培品种。这些栽培品种根据不同的特性可以分为不同的类型。按韭菜叶片形态可分为宽叶韭菜和窄叶韭菜；按韭菜的休眠习性和对冬季低温的适应性反应可分为冬季回秧休眠类型和冬季不回秧浅休眠类型；按其食用部位不同又可分为叶用韭、根用韭、薹用韭、花用韭和叶薹兼用韭；按其地域分布不同又可分为南方品种类型和北方品种类型。

第一节 韭菜分类

一、按韭菜叶片形态分类

　　韭菜的品种很多，不同的品种具有不同的植物学特征。单就韭菜叶片形态特征而言，最直观的特征就是叶宽。尽管韭菜叶片宽度作为数量性状受栽培环境及栽培技术的影响，但品种特性仍然是决定其单株大小的主要因素。通常情况下，根据叶片宽度的不同将韭菜分为宽叶、中宽叶及窄叶品种。宽叶品种的平均叶片宽度在 1 厘米，如平韭 4 号、平丰 6 号、平丰 8 号、赛松和日本宽叶韭等品种，这类品种一般叶片宽大肥厚，叶鞘粗壮，直立性强，韭菜商品性状好，但分蘖能力中等偏弱，因此要提高产量必须适当增加种植密度；中宽叶品种的叶片平均宽度一般在 0.6～0.9 厘米，如豫韭一号、豫韭菜二号、青格子、黄格子、汉中冬韭和嘉兴白根等品种，这类品种韭菜商品性状相对较好，分蘖能力一般较强；窄叶品种的平均叶片宽度在 0.5 厘米，如辽宁马蔺韭、上海强韭、长沙香韭和南京寒青韭等品种，这类品种植株个体发育较小，植株直立性较差，但叶色相较于宽叶品种颜色深且分蘖能力强，生产中种植这类品种应适当降低种植密度，提高土壤肥力，及时倒茬更新，改善其商品性状。

二、按休眠习性分类

休眠是植物应对不利生长环境的一种暂时停止生长的状态，是一种积极的生存发展方式，是在大自然的漫长演化中获得的有益的生物学特性。韭菜在漫长的演化过程中，为适应不同的气候条件而演变出了不同的休眠类型。初冬季节，当月平均气温降到 5℃ 以下时，韭菜叶片和叶鞘中的营养物质开始回流，贮到叶鞘基部、根状茎和根系中，叶片开始枯萎，植株进入休眠，称为"回秧"或"回根"。根据养分回流的时间及贮藏部位，人们把韭菜的休眠分为根茎休眠、假茎休眠、整株休眠。根据韭菜冬季休眠习性分类可分为冬季回秧休眠类型、冬季不回秧浅休眠类型两大类型。当气温低于 10℃ 时韭菜生长受到抑制，当气温低于 5℃ 时韭菜进入休眠，当气温低于 2℃ 时韭菜进入深休眠。长江以南，一年四季的温度条件均较高，自然条件自始至终都能满足韭菜生长发育的需要，韭菜一年四季都能生长。因此，这类韭菜在适宜温度下不进行休眠，但当环境温度下降至 5℃ 以下时会进入被迫休眠状态，表现为地上部叶片停止生长，外部叶片变黄、变红萎蔫。一旦环境温度升高，1~2 天内即可恢复生长，并无明显的休眠期。我国三北地区，由于冬季寒冷，气候条件恶劣，这些地区分布的韭菜，冬季不仅回秧早，而且休眠深，这类韭菜称为冬季回秧休眠类型。该类型韭菜在冬季低温条件下需通过一段时间的休眠后方可萌发。例如，有研究表明独根红韭菜需 42 天方可度过休眠，在其休眠期间提高温度并不能使其快速萌发生长，但是一旦休眠期过去，在适宜温度下韭菜发芽迅速且生长速率快。因此，休眠品种冬季保护地栽培，必须在休眠期即将结束时覆盖生产才能发挥其生产能力，提高效益。休眠与不休眠韭菜品种，在冬季露地栽培条件下都无法正常生长，但为了早春提早上市，应选择休眠品种，休眠品种早春第 1 茬

19

产量较高，效益好。韭菜的休眠习性与抗寒性没有直接关系，南方不休眠类型韭菜在东北寒冷地区露天环境下可能无法安全越冬，在跨地区引种时需引起注意。

三、按主要食用部位分类

韭菜花、薹、叶、根皆可食用，但不同品种的主要食用部位不尽相同。根据主要食用部位的不同可将韭菜分为叶用韭、根用韭、薹用韭、花用韭、叶薹兼用韭。

1. 叶用韭 叶用韭生产上以采收地上部鲜韭为主，营养生长旺盛，营养体生长较快，一年可收割5~7刀；叶片宽厚、叶鞘柔嫩多汁，辛香味浓，深受消费者喜爱。目前，生产上种植的绝大多数韭菜属叶用韭，优良品种较多。如平丰1号、豫韭菜一号、平韭4号、平丰6号、平丰8号和赛松等。

2. 根用韭 主要分布在我国的云南、四川和西藏等西南部山区。别名山韭菜、宽叶韭菜等，主要食用根。根用韭根系发达，分蘖旺盛，生命力强。其地上部叶片宽大，纤维素含量低，辛辣味淡，但肉质根粗壮肥大，柔嫩多汁，具有韭菜的辛辣香味，可加工腌制或煮食，花薹肥嫩，可炒食。无性繁殖，分蘖能力强，生长势旺，易栽培。根用韭是云南的特色蔬菜品种。

3. 薹用韭 薹用韭叶片生长较慢，鲜韭年产量较低，可食性稍差。但薹用韭韭薹抽生较早，抽薹整齐，连续抽薹能力强，韭薹采收期长。薹长且肥嫩可口，鲜薹产量高，生产上以采食鲜薹为主。薹用韭栽培面积较大的品种有平顶山市农业科学院培育的平丰薹韭和原于江苏铜山的铜山早薹韭。

4. 花用韭 花用韭的营养生长和生殖生长都比较强，一般植株较大，分蘖力强，韭薹抽生集中，抽薹率高，韭薹粗壮肥大。花序大，小花数多，分化整齐，花蕾败育少，小花开放整齐一致。两性花，雌蕊柱头粗壮，雄蕊花粉量多，结实率高，韭花采收时成熟度均匀一致，产量高，品质佳。幼薹期亦可作为薹韭采收嫩薹，但采薹集中，采收期较短。生产上以采食花为主。目前，优良的花用韭品种有豫韭菜一号、平丰1号和洛阳钩头韭等。

5. 叶薹兼用韭　叶薹兼用韭在春秋两季生产鲜韭的同时，也可在 6—8 月采收韭薹。相较于叶用韭，叶薹兼用韭叶片、花薹发育良好，抽薹率高、抽薹期较长且韭薹内部结构细密、口感脆嫩。豫韭菜二号、寿光独根红等是品质优良的叶薹兼用韭品种。

四、按品种来源分类

韭菜按其品种来源不同又可分为野生种、地方农家品种、人工育成常规品种、一代杂交种 4 个类型。

1. 野生种　全国各地均有野生韭菜分布，多生长于富含腐殖质、土壤湿润的山地阴坡。野生韭菜类型繁多，生长参差不齐，风味物质较栽培品种少，风味较差，但维生素 C 含量是多数栽培品种的数倍，同时抗病抗虫能力较强，耐热性较差，可作为韭菜抗病抗虫育种的优良育种材料。

2. 地方农家品种　在韭菜长期生产实践过程中，野生韭菜经过千百年来的自然选择和人工定向驯化，产生了一批应用于局部地区生产的韭菜品种。中国韭菜地方农家品种具有数百种，在 3 000 多年的生产实践中发挥了重要作用。但地方农家品种受育种方法的局限，韭菜群体表型一致性较差，品种更新较慢，其特征特性具有一定的历史局限性和推广应用的区域局限性。

3. 人工育成常规品种　根据育种目标要求，选择适宜的亲本育种材料，利用自然变异、人工杂交或采用物理、化学的方法诱导育种材料变异，多代连续定向筛选培育的韭菜品种。人工育成的常规品种在育种过程中具有明确的目的性，育成的品种具有较强的生产适用性和品种的特异性，其群体内遗传稳定、表型一致，且品种的特征特性明显优于地方农家品种。791、豫韭菜一号、平韭 4 号、平丰 6 号、平丰 8 号等都是人工育成的优良常规品种。

4. 一代杂交种　一代杂交种是利用基因纯合的优良雄性不育系和基因纯合的优良自交系，杂交培育出来的具有强优势的一代优良品种。但因韭菜所具有的无融合生殖特性使得一代杂交种的获得较为困难，目前，多应用分子标记技术鉴别一代真实杂交种。杂交一代在抗性、产量等方面的表现往往优于双亲。

第二节　韭菜的类型及品种

　　韭菜为石蒜科葱属多年生草本宿根性植物，我国栽培的主要是普通韭（*Allium tuberosum* Rottl. ex Spreng.）。韭菜原产于中国，栽培历史悠久，在全国各地广泛种植，经过长期的生产实践，形成了许多品质、性状优良的韭菜栽培品种。这些栽培品种按韭菜的食用部位大致可以分为四类：叶用韭、根用韭、薹用韭、花用韭。所有的叶用韭和薹用韭都可作花用韭。

　　目前全国各地生产栽培所用的韭菜品种大多数是人工育成的优良韭菜品种，优良品种是韭菜栽培获得高产高效的基础。40 多年来，河南省平顶山市农业科学院对全国 500 多个韭菜地方品种、野生品种、人工育成品种资源进行了收集、整理、栽培及差异性、一致性鉴定，了解不同韭菜品种的特征和生物学特性，根据生产和市场的需要培育出了一系列优良韭菜新品种。现将全国栽培面积较大、品质优良且具有代表性的各类韭菜品种进行简要的介绍。

一、叶用韭

　　我国消费者多喜食韭菜叶片及叶鞘部位，因此栽培面积最大的韭菜类型就是叶用韭。叶用韭鲜韭产量高，露地生产一年可收割 5～7 刀。以采食地上部叶片和叶鞘为主，兼食花、薹，但因大部分叶用品种抽薹开花期较短，不能形成产量且花、薹品质不高，所以农户不以生产花、薹为主要目的。进入夏季，高温高湿的气候环境会导致韭菜品质下降，生长缓慢，而冬季低温天气则会导致韭菜休眠，因此露地栽培收割期多集中于春秋两季。叶用韭菜可根据叶片宽窄分为宽叶韭和窄叶韭两大类：宽叶韭叶片宽厚，一般叶宽 1 厘米左右，最大叶宽可达 2 厘米以上，叶鞘粗壮，叶色稍浅，纤维少、品质柔嫩，产量高，但辣味稍淡、易倒伏，植株抗寒性较强，比较适应露地栽培、设施栽培和软化栽培。窄叶韭的叶片狭长，一般叶宽 0.5 厘米左右，叶色深，纤维多，香辛、辣味浓，直立性强，不易倒伏，耐寒，适合露地栽培。叶用韭品种按其品种来源不同可分为农家品种和人工培育品种；按冬季休眠期的长短可分为冬季回秧休眠品种和冬季不回秧浅休眠品种。

1. 791

(1) 品种来源。791 是我国第一个由人工育成的韭菜新品种。它由河南省平顶山市农业科学院利用川韭中的优良单株进行自交纯合，获得优良自交系，后又通过优系混交最终培育而成。

(2) 生物学特征特性。株高 50 厘米左右，叶簇直立，叶端向上，植株生长迅速，生长势强。叶片宽大肥厚，呈长条状，叶色浅绿，叶长 35 厘米以上，平均叶宽 1.1 厘米。叶鞘长而粗壮，叶鞘长 10 厘米以上，叶鞘粗 0.7 厘米。单株叶片数为 5～6 片，平均株重 10 克，最大单株重 43 克。分蘖力强，一年生单株分蘖 6 个以上，三年生单株分蘖 30 个以上。属浅休眠品种，黄河以南露地栽培 12 月上旬仍可收割青韭。春季萌发早，2 月上旬当日平均气温在 2 ℃时即可萌发生长，3 月中旬可收割第 1 刀青韭。纤维素含量少，品质柔嫩，产量高，一般年收割 6～7 刀，亩产青韭 10 000 千克左右。抽薹早，花薹生长速度快，种子籽粒饱满，千粒重 4.8 克左右。791 在露地广为栽培，因其抗寒性强、不回秧浅休眠的特性，在保护地栽培也非常适合。

(3) 适应范围。适合全国各地保护地和露地栽培。

2. 豫韭菜一号

(1) 品种来源。豫韭菜一号（原名平韭 2 号）是河南省平顶山市农业科学院以叶色深绿、辛辣味浓的洛阳钩头韭为母本，以棵形肥大、产量高、不休眠的 791 为父本进行杂交，在杂交后代中挑选优良单株并进行连续自交，获得优选株系，优选株系混合授粉培育而成。

(2) 生物学特征特性。株高 50 厘米左右，生长势强，叶簇披展，叶色深绿。叶片宽大肥厚，宽条状，叶横截面呈 V 形，叶肉丰腴，叶长 30～35 厘米，叶宽 1 厘米左右，单株叶片 6～7 片。叶鞘绿白色，叶鞘粗 0.8 厘米左右。单株重 10 克以上，最大单株重 40 克。分蘖力强，一年生单株分蘖 10.8 个，二年生单株分蘖 19.6 个，三年生单株最多分蘖 40 个以上。辛辣味浓，商品性状好，品质优良，较耐存放。鲜韭产量高，年收割韭菜 5～6 刀，亩产青韭 8 500 千克以上。

该品种最大的特点是营养价值高，每 100 克鲜韭含维生素 C 37.04 毫克、B 族维生素 20.085 毫克、锌 0.56 毫克、铁 0.19 毫克、可溶性糖 3 克、胡萝卜素 1.37 毫克，均高于汉中冬韭、嘉兴白根、津引 1 号等韭菜品种。豫韭菜一号抽薹开花晚，抽薹集中，抽薹后花薹粗，花序大，开花期短，花柄短粗，小花授粉，败育率低，结实率高，单花序结蒴果 60 个以上，蒴果成熟期一致，因此，是花用加工品种的理想选择。夏季抗热性强，高温季节叶片干尖轻，抗逆性强。冬季休眠，春季萌发早，比 791 早发 5～7 天。豫韭菜一号前期生长速度快、产量高，是供应早春市场的理想品种。

（3）适应范围。适合全国各地早春保护地和露地栽培。

3. 赛松

（1）品种来源。由河南省平顶山市农业科学院利用培育出的雄性不育系 274‑9 A 为母本，以纯化的优良自交系 871 为父本进行杂交培育成功的抗寒性极强的韭菜一代杂交种。

（2）生物学特征特性。株高 50 厘米左右，叶簇直立，叶端向上，宽条状，生长势强而整齐。叶色浓绿，叶长 38～40 厘米，平均叶宽 1 厘米，最大叶宽 2.3 厘米。叶鞘短而粗壮，鞘长 7 厘米左右，横断面圆形。平均单株重 10 克，最大单株重 40 克。分蘖力强，一年生单株分蘖 8 个以上，三年生单株分蘖可达 40 个左右。叶片鲜嫩，品质好。抗寒性极强，冬季基本不休眠，在月平均气温 3.5 ℃、最低温度 －6.1 ℃的条件下，心叶仍以日平均 0.7 厘米速度生长；当月平均温度 4.7 ℃、最低气温 －4.8 ℃时，心叶日平均生长速度达 1 厘米。抗灰霉病、疫病性强，产量高，一年收割 6～7 刀，可收获青韭 10 000 千克左右。

（3）适应范围。适合全国各地露地和保护地栽培。

4. 平韭 4 号

（1）品种来源。由河南省平顶山市农业科学院从 791 品种中选择优良变异单株，通过系统优选多代纯合，优系混合授粉培育而成。

（2）生物学特征特性。株高 50 厘米左右，叶簇直立，叶片向上、宽条状，生长旺盛，叶片绿色、宽大肥厚，叶长 40 厘米左右，平均叶宽 1 厘米，单株叶片数 6～7 个。叶鞘粗壮，上部浅绿色，下部洁白色，叶鞘长 8 厘米左右。单株重 10 克以上，最大单株重 40 克。分蘖力强，一年生单株分蘖 7 个，三年生单株分蘖 30 个以上。纤维素含量少、口感鲜嫩、辛辣味浓，品质佳。春秋季生长速度快，25～30 天即可收割一茬，年收割 6～7 刀，一般亩产青韭 10 000 千克以上。抗寒性强，冬季基本不回秧，在日平均气温 3.5℃、最低气温－6℃时，心叶仍以日平均 0.7 厘米的速度生长。黄河以南地区露地栽培，12 月上旬仍可收割青韭。春季萌发早，2 月中旬当日平均气温 2℃时，开始萌发生长，3 月中旬即可收割青韭供应春季市场。该品种抗灰霉病、疫病。

（3）适应范围。适合全国各地露地和冬春季保护地栽培。

5. 平丰 6 号

（1）品种来源。由河南省平顶山市农业科学院以青格子为母本、桂林大叶为父本进行杂交，后代选系，优系混合授粉选育而成。

（2）生物学特征特性。叶簇直立、叶端向上、生长势强，株高 50 厘米以上。叶长约 35 厘米，叶宽 1 厘米以上，单株叶片数 6～7 个，叶背脊凸出，叶尖钝尖，叶片宽大肥厚，叶鞘粗壮，叶鞘长 15 厘米左右，横断面扁圆形，叶鞘粗 0.7 厘米。平均单株重 11.52 克，最大单株重 44 克。分蘖力较强，一年生单株分蘖 5～6 个，两年生单株分蘖 25 个左右。植株生长速度快，在适宜生长的条件范围内，日平均生长量 1.48 厘米，叶片宽大，不易干尖。抗寒性强，冬季在日平均气温3℃、最低气温－7℃时，新生的 2～3 片心叶仍以日平均 0.7 厘米的速度生长，稍加覆盖，即可进行冬春保护地生产。该品种叶肉丰腴，叶色浓绿鲜嫩，辛辣味浓，粗纤维含量少，口感香辛。耐贮性强，可比一般品种贮藏期长 36 小时以上，便于进行短期长途运输销售。一般年收割 6～7 刀，每亩收割青韭 11 000 千克左右。该品种抗韭菜疫病、锈病能力强，中抗灰霉病。

（3）适应范围。适合全国各地冬春季保护地和露地栽培。

6. 嘉兴白根

（1）品种来源。浙江省杭州市的地方品种。又名杭州雪韭、杭州冬韭、铁杆青。

（2）生物学特征特性。植株生长势强，株高 50 厘米，叶簇较直立，叶端向上，叶片宽条状，叶色淡绿，单株叶片数5~6个，叶长40厘米，叶宽0.8~1.0厘米，叶厚0.23厘米，叶背脊凸出，横断面呈三角形。假茎较粗壮，鞘粗0.6~0.8厘米，长10厘米左右。单株重11克以上。分蘖力强。茎叶含纤维素较多，辛辣味浓。耐寒不耐热，冬季回秧晚，休眠时地上茎叶不完全枯萎，大部分叶尖干枯叶鞘仍然直立。春季发棵早，生长势中等，秋季生长迅速、生长势强、耐弱光，因而是适合秋冬春三季覆盖栽培的最佳品种。商品韭菜辛辣味稍淡，一般亩产8 000千克以上。单花序有小花60~80朵，单序结种子70粒以上，种子千粒重4~5克。

（3）适应范围。适合全国大部分地区露地和保护地栽培。

7. 洛阳钩头韭

（1）品种来源。河南省洛阳地区农家品种，栽培历史悠久。

（2）生物学特征特性。叶簇开展，叶端向下弯曲反卷如钩，故而得名。株高45~50厘米。叶片深绿色，宽大肥厚，叶长37~44厘米，叶宽0.6~0.8厘米，横断面近"一"字型，叶鞘粗壮，浅绿白色。辣味较浓、粗纤维多、产量高、品质好。分蘖力稍弱，叶鞘粗壮、不易倒伏。冬季回秧休眠，休眠早，一般10月中下旬进入休眠期，且自然休眠期较长，回秧后的地下根株耐寒性较强，春季萌发较早，萌发后生长速度较快，夏季耐热性亦较强，高温不易倒伏，叶端干尖较轻。较抗韭菜疫病，但易受韭蛆危害。一般年收割4~5刀，亩产青韭4 000~5 000千克。

（3）适应范围。适合华北以北地区露地和早春保护地栽培。

8. 成都犀蒲韭

（1）品种来源。四川省成都市附近大邑县地方品种。又名二乌叶、犀蒲韭菜。

（2）生物学特征特性。叶簇直立，叶端向上，生长势强。株高45~50厘米，叶色深绿，叶片肥厚丰腴，叶长36厘米以上，叶宽0.8~1.0厘米。叶鞘粗壮，横断面扁圆形，茎粗0.8厘米，长8~10厘米。辛辣味浓，叶片厚而肉质柔嫩，纤维少，品质好。耐寒、耐热、耐湿、分蘖力中等、适应性广。冬季回秧晚，春季发棵早，休眠时间短，绿叶可耐−5 ℃的低温，休眠时植株生长缓慢或停滞，会出现少量叶枯萎现象，休眠过后即可恢复旺盛生长，可进行晚秋、初冬生产。抽薹后单花序可生小花 60 朵以上，单序结种子 80～100 粒，种子千粒重 5 克。一般年收割 4～5 刀，亩产青韭 8 000 千克以上。

（3）适应范围。适合长江以南大部分地区露地和保护地及软化栽培。

9. 南京寒青韭菜

（1）品种来源。江苏省南京市的地方品种。又名南京寒青、寒青韭菜。

（2）生物学特征特性。叶簇半直立，叶片斜生，叶端向上，株高 38 厘米左右，叶片绿色，短宽条状，叶长 30 厘米以上，叶宽 0.8 厘米。叶鞘横断面扁圆形，上部绿色，基部略带红色，长 5～10 厘米。单株重 5～7 克。茎叶香味浓郁，辣味较淡，品质中等。分蘖力较强，耐寒，冬季基本不回秧，在南京地区冬季不覆盖即可越冬。一般年收割 4～5 刀，亩产青韭 8 000 千克以上。

（3）适应范围。适合长江以南地区秋延后软化栽培和春提前保护地栽培。

10. 武汉黄格子

（1）品种来源。湖北省武汉市、襄樊市的地方品种。又名宝剑头。

（2）生物学特征特性。叶簇直立，叶端向上，生长势强。株高 40～50 厘米，叶色浅色，叶肉丰腴，叶片宽条状，单株叶片数 5 片以上，叶长 37 厘米，叶宽 1.1 厘米，叶肉厚 0.2 厘米，叶端钝圆，形似剑头状，故又名宝剑头。叶鞘浅绿白色，横断面扁圆形，长 7～10 厘米，粗 1.1 厘米。花薹高 70～80 厘米，有纵棱。单花序生小花 70 朵左右，结种子 60～80 粒，种子千粒重 4.5 克。辛辣味浓，品质佳。抗寒性强，不耐热，夏季易出现黄叶干尖。冬季回秧休眠晚，分蘖力强，产量高。单株重 8～10 克，亩产青韭 8 000～9 000 千克。

（3）适应范围。适合黄河以南大部分地区露地和保护地及软化栽培。

11. 武汉青格子

（1）品种来源。湖北省武汉市地方品种。

（2）生物学特征特性。叶簇较直立，叶端向上，叶片窄长，先端尖细。植株较直立，生长势中等。株高 40 厘米左右，叶片深绿色，单株叶片数 5～6 片，叶长 30 厘米以上，叶宽 0.8 厘米，叶厚 0.2 厘米。叶鞘绿白色，横断面圆形，长 7～10 厘米，粗 0.6 厘米。抽薹早，薹高 70 厘米左右，单花序生小花 70～80 朵，结种子 110 粒以上，种子千粒重 5 克。该品种耐热性强，抗寒性较差，分蘖力一般。叶肉较粗硬，品质中等。单株重 9 克左右，亩产青韭 8 000～9 000千克。

（3）适应范围。适合黄河以南大部分地区露地和保护地栽培。

12. 黑龙江大马蔺

（1）品种来源。黑龙江省地方品种。

（2）生物学特征特性。叶簇半直立，叶端向外微张，宽条状，叶背脊不明显，生长势较强。株高 40～45 厘米，叶色较深，蜡质层较厚，叶长 35～39 厘米，叶宽 1.10 厘米，叶厚 0.21 厘米，平均单株叶片数 5.2 个。叶鞘绿白色有紫晕，横断面椭圆形，长 5.0 厘米，粗 0.75 厘米。抽薹较早，花期较长，薹高 65 厘米，花冠有浅绿色的脉纹，花药为黄色，单花序生小花 66 朵，结蒴果 48 个，结种子 100粒，种子千粒重 5.24 克。单株重 10 克。叶肉较细，香辛味浓，纤维含量较多，口感较辣，品质中等，叶片生理干尖较少。分蘖力中等，休眠早，根株抗寒力较强。休眠期较长，早春萌发较晚，春季生长速度较快，抗热能力较弱。

（3）适应范围。适合北方地区露地和早春保护地栽培。

13. 四季青

（1）品种来源。新疆维吾尔自治区库尔勒市和静县地方品种。

（2）生物学特征特性。叶簇半直立，叶端斜向外开张，中宽条状，叶背脊突出，生长势强。株高 41～45 厘米，叶色深绿色，蜡质层厚，叶长 35～39 厘米，叶宽 1 厘米，叶厚 0.19 厘米，平均单株叶片数 5 个。叶鞘绿白色，横断面扁圆形，长 6.5 厘米，粗 0.7 厘米。抽薹较晚，花期较短，薹高 68 厘米，花冠有浅绿色的脉纹，花药为黄绿色，单花序生小花数 43 朵，结蒴果 32 个，结种子 60 粒，种子千粒重 3.83 克。单株重 10.4 克。叶肉较粗，香辛味浓，纤维含量较多，口感较辣，品质中下等，叶片生理干尖较轻。分蘖力弱，休眠较晚，根株抗寒力强。休眠期较长，早春萌发较晚，春季生长速度较快，抗热能力较强，较抗潜叶蝇和地蛆。

（3）适应范围。适合中北部地区露地栽培。

14. 佳木斯竹竿青

（1）品种来源。黑龙江省佳木斯市的地方品种。

（2）生物学特征特性。叶簇直立，叶端向上，株高 50 厘米左右，叶片肥厚，叶片绿色，宽条状，叶长 34 厘米，叶宽 0.9 厘米。叶鞘粗 0.61 厘米，上部浅绿色，下部白色。单株重 5～7 克。该品种风味香辛，品质好，丰产。冬季休眠回秧早，春季萌发晚，分蘖力中等。抽薹早，耐热，抗寒，抗风，抗倒伏，抗病性强。一般年收割 5～6 刀，年收获青韭 6 000 千克左右。

（3）适应范围。适合北方露地和黄淮地区早春保护地栽培。

15. 北京铁丝苗

（1）品种来源。北京市地方品种，又名红根韭。

（2）生物学特征特性。叶簇直立，株高 40 厘米左右。叶片绿色，细长，叶长 36 厘米左右，叶宽 0.4 厘米，叶背脊凸出，横断面呈扁圆形。叶鞘较细，横断面圆形，叶鞘的外层为紫红色故又名红根韭。在软化栽培时叶呈黄白色。含纤维多，香辛味浓，品质佳。生长速度快，分蘖力强，耐热、耐寒，株形小，鳞茎细，适宜密植。

（3）适应范围。适合中北部地区保护地青韭、韭黄、五色韭栽培。

16. 平丰 7 号

（1）品种来源。由河南省平顶山市农业科学院以 791 为母本、汉中冬韭为父本，杂交后代经多年定向选育而成。

（2）生物学特征特性。叶簇直立，生长势强，株高 41.1 厘米左右。叶片绿色，叶绿素指数 80.2，单株平均 5 片叶，叶长 34 厘米左右，宽 1.5 厘米。叶鞘长 7～8 厘米，粗 0.8 厘米左右。平均单株重

12.3 克，分蘖力强，一般年收割 6～7 刀，亩产鲜韭 10 000 千克以上。抗寒性强，春季萌发早。

（3）适应范围。适宜全国范围内露地及保护地栽培。

17. 平丰 22 号

（1）品种来源。以西峡县农家品种的优良株系为母本、青格子为父本，进行杂交，杂交后代经由多代定向选育。

（2）生物学特征特性。叶簇直立，生长势强。株高 55 厘米左右，叶色绿，叶绿素相对含量 80.2，单株平均 5 片叶，叶长 37 厘米左右，宽 1.6 厘米。叶鞘长 10～11 厘米，粗 0.8 厘米左右，叶鞘扁，白绿色。平均单株重 17.4 克，分蘖力中等，抽薹晚，花期短，且抽薹率低。一般年收割 6～7 刀，亩产鲜韭 10 000 千克以上。浅休眠，温度适宜情况下可周年生长，且春季萌发极早，早春生长势好。

（3）适应范围。适宜全国范围内露地及保护地栽培。

18. 航研 998

（1）品种来源。平韭 4 号太空辐射诱变优选而成。

（2）生物学特征特性。叶簇直立，生长势强，株高 60 厘米左右。叶片绿色，叶绿素相对含量 70，单株 6～7 片叶，叶长 50 厘米左右，宽 1.4 厘米。叶鞘扁圆，白绿色，长 10～11 厘米，粗 0.7 厘米左右，平均单株重 17.7 克，年单株分蘖 7 个左右，薹高 87 厘米左右，抽薹能力中等。一般年收割 6～7 刀，亩产鲜韭 10 000 千克以上。浅休眠，温度适宜可周年生长，且春季萌发极早。

（3）适应范围。适宜全国范围内露地及保护地栽培。

19. 天津大金钩

（1）品种来源。天津市地方品种。

（2）生物学特征特性。叶簇稍分散，生长势强，株高 50.3 厘米左右。叶片深绿色，叶绿素含量 84.1，单株平均 7 片叶，叶长 42 厘米左右，宽 1.2 厘米。叶鞘长 7～8 厘米，粗 0.8 厘米左右。平均单株重 19.5 克，抽薹晚，花期短，分蘖力强，亩产鲜韭 9 000 千克左右。冬季回秧，休眠期长，春季萌发晚。

（3）适应范围。适宜黄淮以北露地及早春保护地栽培。

20. 平丰 1 号

（1）品种来源。河南省平顶山市农业科学院以洛阳钩头韭为母本、汉中冬韭为父本杂交选育而成。

（2）生物学特征特性。叶簇较开展，株高 45 厘米左右。叶端斜生，叶片深绿色，正面较凹，背面中心脉凸起，叶片横断面呈扁圆形，叶表面蜡质层较厚。单株叶片 6～8 片，叶长 37 厘米，叶宽 1 厘米。叶鞘横断面圆形，绿白色，粗壮，长 6～8 厘米，粗 0.8 厘米左右，单株重 10 克左右。辛辣味浓，品质好。耐热、耐干旱，分蘖力强，抗韭菜潜叶蝇、韭菜螟蛾，对韭菜灰霉病、疫病抗性强。耐热，夏季高温条件下基本不出现叶片干尖、病斑现象。冬季休眠，春季发棵早而整齐，比 791 早发 5～7 天，比其他品种早发 7～15 天，亩产青韭 9 000 千克以上。

（3）适应范围。适合全国中北部地区早春保护地及露地栽培。

21. 绿宝

（1）品种来源。河南省平顶山市农业科学院以黄格子优选株系作为母本与汉中冬韭进行杂交选育而成。

（2）生物学特征特性。株型直立紧凑，株高 43.8 厘米，假茎长 7.7 厘米，粗 0.6 厘米，横切面为圆形。叶身绿色，叶绿素含量 66.6，长宽条形，叶端尖，叶身长 36.9 厘米，宽 0.8 厘米，横切面为扁圆形，单株 5 片叶，年分蘖数 3 个。平均单株重 7.9 克，亩产青韭可达 10 000 千克以上。冬季不休眠，春季萌发早。

（3）适应范围。适合全国各地保护地及露地栽培。

22. 韭宝

（1）品种来源。河南省平顶山市农业科学院以青格子优选株系作为母本与 791 进行杂交选育而成。

（2）生物学特征特性。株型直立紧凑，株高 49.7 厘米。叶身绿色，叶绿素含量 71.4，长宽条形，叶尾锐尖，单株平均 5 片叶，叶长 40.6 厘米，宽 0.9 厘米，横切面为扁圆形。叶鞘长 9.1 厘米，粗 0.6 厘米，横切面为扁圆形。年单株分蘖数 3 个，平均单株重 10.1 克。丰产性好，一般年收割 6～7 刀，亩产青韭 10 000 千克以上。冬季不休眠,春季萌发早。经检测钙、铁、维生素等营养物质含量高,品质好。

(3)适应范围。适合全国各地保护地及露地栽培。

23. 棚宝

(1)品种来源。河南省平顶山市农业科学院以桂林大叶优选株系为母本与津引1号进行杂交选育而来。

(2)生物学特征特性。株型直立紧凑,株高48.2厘米。叶身绿色,叶绿素含量83.5,长宽条形,叶尾尖,单株5片叶,叶身长39.2厘米,宽0.8厘米,横切面为V形。假茎长9厘米、粗0.6厘米,横切面为圆形。年单株分蘖数3个,平均单株重8.5克。丰产性较好,一般年收割6~7刀,亩产青韭10 000千克以上。冬季不休眠,春季萌发早。经检测钙、铁、维生素等营养物质含量高,品质好。

(3)适应范围。适合全国各地保护地及露地栽培。

24. 豫韭菜二号

(1)品种来源。豫韭菜二号(平韭杂一)是河南省平顶山市农业科学院利用培育成功的韭菜雄性不育系397-2A和优良自交系352-4杂交而成的一代杂交种。

(2)生物学特征特性。叶簇较直立,叶端向上,株高50厘米以上。叶片长40厘米,叶宽1.0厘米左右,叶色深绿,单株叶片6~7片。叶鞘粗壮,长7~9厘米,粗0.7厘米,横断面扁圆形。平均单株重12.5克,最大单株重44克。一年生单株分蘖10个以上。鲜韭商品性状好,辛辣味浓,品质优良,耐贮运。该品种耐热性强,春秋两季分蘖多,生长快,冬季回秧,春季早发,属冬季休眠类型。抗灰霉病、疫病能力强。年收割5~6刀,亩产青韭9 000千克以上。植株虽可抽薹开花,但雄蕊败育,后代不能获得种子,杂交种子千粒重5克以上。韭薹鲜嫩肥大,薹高55厘米以上,亩产鲜韭薹1 000千克左右。该品种是品质独特的叶薹兼用韭。

(3)适应范围。适合黄淮以北各地露地和早春保护地栽培。

25. 寿光独根红

(1)品种来源。山东省寿光市地方品种,是寿光黄马蔺韭中的一个品系。

(2) 生物学特征特性。叶簇直立,叶端斜生稍扭曲,生长势强,株高 40 厘米以上。叶片绿色,长 30 厘米左右,宽 0.8~1.1 厘米。叶鞘长 10 厘米左右,粗 0.8 厘米,横断面扁圆形,基部呈淡紫色,由此而得名,单株重 8 克左右。花薹粗长,薹高 60 厘米以上,花薹中间无空腔。叶肉肥厚、质地柔嫩、香辛味浓。韭薹深绿、汁多而脆嫩、香味浓、营养丰富、品质优。夏季抽薹早,但不集中,单花序生小花 60 朵左右,单花序结种子 60~80 粒,种子千粒重 3.5 克左右。冬季回秧,休眠晚,抗寒性强,分蘖力较弱。一般年亩产青韭 3 000~4 000 千克,韭薹 1 000 千克,是优良的叶薹兼用品种。

(3) 适应范围。适合黄淮以北地区露地和早春保护地栽培。

二、根用韭

根用韭(*Allium hookeri* Thwaites)又名宽叶韭、披菜、山韭菜、鸡脚韭菜等,和普通韭菜同属异种。主要在西藏自治区错那县门巴民族乡和云南省保山市等地栽培。根用韭分蘖力强,据报道,在台湾地区于 1 月定植,10 个月后即可得到 60 倍以上的分蘖。其根部肥大,须根粗壮呈肉质柱状,长约 20 厘米,是食用的主要部位。将肉质根加香料、糖盐等调料进行腌渍、烹炒,味道鲜美,具有韭菜的香辛味道。

根用韭具有较高的营养价值,据中国农业科学院蔬菜研究所杜武峰研究分析发现,在 100 克鲜韭菜根中,水分 81.8%,糖 2.43 克,粗蛋白质 1.51 克,纤维素 0.73 克,维生素 C 3.3 毫克,磷 74 毫克,钙 26 毫克,铁 1.82 毫克,此外,还含有一定量对人体有益的锌、钾、生物碱和香辛类的硫化物。

根用韭株高 40 厘米左右,单株叶片 7 片左右,宽披针状,叶宽 1.5 厘米左右,叶长 30~40 厘米,叶基呈沟槽状,叶背脊明显,叶肉较薄。花为伞状花序,白色,较普通韭菜花序小,花薹圆柱状,或略呈三棱柱状,高 20~60 厘米,下部被叶鞘包裹。根用韭多生长于云贵高原,适应凉爽气候,在往北方引种时露天栽培多不能安全越夏。因此引种至北方时，越夏时需架设遮阳网，并进行逐年驯化，以适应北方夏季高温。在北方地区开花晚，结实率低，种子细小。因根用韭结实率低，在栽培上多利用其分蘖特性进行分苗播种。

1. 云南苤菜

（1）品种来源。属宽叶韭，云南省各地均有野生分布，且都有栽培。

（2）生物学特征特性。该品种须根发达，韭菜根较粗较长。一般根长 15～20 厘米，根粗 0.5～0.7 厘米。叶片宽条披针形，长 40～60 厘米，宽 1.0～2.5 厘米，叶基部呈沟槽状，假茎断面圆形或扁圆形。不结种子，一般分株繁殖，多年生，但每年进行分栽能使植株生长旺盛。喜温凉湿润气候，怕高温和严寒，遇霜冻地上部即枯萎，喜光但较耐阴，喜疏松肥沃土壤。以弦状肉质根供食用，9 月收刨韭根，每亩产量 2 000 千克。此外，4—5 月和 7—8 月还可收获青韭及韭薹。

2. 宁强宽叶韭

（1）品种来源。属宽叶韭，陕西省宁强县地方品种。

（2）生物学特征特性。该品种弦状根较粗大，一般根长 25～30 厘米，粗 0.4～0.6 厘米。株高 40～45 厘米，叶片较宽短，长 10～25 厘米，宽 1.0～1.7 厘米，断面呈 V 形，浅绿至深绿色，假茎断面圆形或扁圆形，露出地面部分白绿色，地下部白色。单株重 8～12克，不结种子，一般进行分株繁殖。早春萌发晚，耐寒性、抗旱性和耐热性不如普通韭菜，但较耐阴。弦状肉质根可鲜食，也可腌渍或制酱，此外，还可收获青韭和韭薹，但产品辛辣味较淡。

3. 贵州水韭

（1）品种来源。属宽叶韭，贵州省雷山县地方品种。

（2）生物学特征特性。生长势中等，株高 30～35 厘米，叶片披针形条带状，扁平。假茎断面近圆形，绿白色。单株重 10～15 克，不结种子，一般进行分株繁殖。喜温凉湿润气候和疏松肥沃土壤，一般长 20～30 厘米，粗 0.3～0.5 厘米，弦状肉质根可腌渍或炒食。此外，还可收获青韭和韭薹。但青韭叶质粗硬，产品辛辣味稍淡，商品品质稍差。

三、薹用韭

薹用韭简称薹韭，专用以收获韭菜幼嫩花薹部位食用。我国素有食用韭薹、韭花的传统习惯，不但可以鲜食，还可腌渍，加工成各种产品。生产实践中，由于有食用需求，经长期的人工和自然选择，便逐渐形成了在采食叶片同时，也能具有较好商品性花薹的叶薹兼用类型韭菜，具有代表性的优异品种如平丰7号、豫韭菜二号、广州大叶韭和甘肃马蔺韭等。除叶薹兼用品种外，人们还关注韭薹专用品种的培育。20世纪50年代，台湾省彰化县永靖乡竹仔村农民江林海选育出韭薹专用型品种年花韭菜，后又用年花韭与吕宋种杂交，选育出了年花2号。其他薹韭优良品种有铜山薹韭和平丰薹韭王等。

薹用韭和叶用韭的花薹有一定的区别，叶用韭在通过春化和光照阶段后，也可抽薹提供食用，但花薹抽生期短，出薹数也较少，因此以叶用为主，兼作薹用，且每年仅在7—8月一次抽薹开花；而薹用韭花薹高且花茎粗壮，形似蒜薹，品质脆嫩，食味鲜美。抽薹和分蘖力强，如环境条件适合，具有四季可抽薹的优良特性。如年花韭引种至广东省佛山地区后可全年抽薹，4月进入花薹采收盛期并可一直延续到10月，全年可亩产2 000～2 500千克韭薹。薹用韭在台湾、广西及甘肃省兰州市栽培面积较大。

1. 平丰薹韭王

（1）品种来源。河南省平顶山市农业科学研究所育成，是叶薹兼用型品种。

（2）生物学特征特性。以收获韭薹为主，亦可收获部分青韭。叶簇较开展，叶端斜生，宽条状，生长势较强。株高50厘米以上，叶宽0.9厘米左右，叶片浓绿色，叶端锐尖，叶背脊凸起。叶鞘长4.9厘米，粗0.68厘米。韭薹长而粗壮，韭薹高55厘米左右，单薹重10克左右。含粗纤维少，色泽翠绿，口感鲜嫩，风味佳，是高档蔬菜。抗寒，植株分蘖力强。4月上中旬开始采收上市，一直采收到9月中旬，5—8月为采收盛期，每2～3天采薹一次，年亩产韭薹2 500千克以上。韭薹蜡质层较厚，一般比青韭耐贮藏 50～60 小时。也可在冬春季进行青韭生产，在中原地区，一般在 12 月下旬用塑料小拱棚覆盖，扣棚后 50 天左右可收获一茬青韭。

（3）适应范围。适合全国大部分地区露地和早春保护地栽培。

2. 年花韭

（1）品种来源。台湾省彰化县永靖乡竹仔村农民江林海在生产中偶然发现，经多年繁育筛选而成。

（2）生物学特征特性。以收获韭薹为主，抽薹性特别强，而且韭薹粗大，叶片与叶鞘含粗纤维多，叶部粗硬，叶背脊凸起，食用品质较差。株高 45 厘米左右，叶簇较直立，叶端斜生，宽条状，叶宽 0.7 厘米左右，叶片浓绿色，叶端锐尖，生长势较强。叶鞘长 4.7 厘米，粗 0.55 厘米。韭薹长而粗壮，韭薹高 45 厘米以上，单薹重 8 克左右。嫩薹含粗纤维少，色泽翠绿，口感鲜嫩，风味佳，是高档鲜细蔬菜。植株分蘖力中等。南方地区一年四季可采薹，在中部地区 4 月中下旬开始采收上市，一直采收到 9 月中旬，5—8 月为采收盛期，每 2～3 天采薹一次，年亩产韭薹 2 000 千克左右。

（3）适应范围。适合全国大部分地区露地栽培。

3. 年花 2 号

（1）品种来源。台湾省中部地区的韭薹专用型品种。

（2）生物学特征特性。以收获韭薹为主，抽薹性特强，而且韭薹粗大，叶片与叶鞘含粗纤维多，叶部粗硬，叶背脊凸起，食用品质较差。株高 46 厘米以上，叶簇较直立，叶端斜生，宽条状，叶宽 0.75 厘米，叶片浓绿色，叶端锐尖，生长势较强。叶鞘长 5 厘米，粗 0.60 厘米。韭薹长而粗壮，韭薹高约 50 厘米，单薹重 9 克左右。嫩薹含粗纤维少，色泽翠绿，口感鲜嫩，风味佳，品质优良，是高档鲜细蔬菜。植株分蘖力中等。南方地区一年四季可采薹，在中部地区 4 月中下旬开始采收上市，一直采收到 9 月中旬，5—8 月为采收盛期，每 2～3 天采薹一次，耐低温能力较强，在低温年份其韭薹产量超过年花韭，年亩产韭薹 2 000 千克以上。

（3）适应范围。适合全国大部分地区露地栽培。

4. 铜山早薹韭

（1）品种来源。由江苏省徐州市铜山区从本区地方品种中选育出的薹用韭新品种。

（2）生物学特征特性。分蘖力较强，年单株分蘖6～7个，株高45厘米左右。叶片深绿色，略扭曲，叶背脊稍突，锐尖，叶长约35厘米，叶宽0.7～0.9厘米，叶片纤维含量较少，韭菜品质较好。抽薹早，一般从4月底开始抽薹，可持续抽薹到9月底，韭薹深绿色，韭薹产量高，大棚栽培，春节前收割1茬青韭后以采薹为主，亩产青韭3 000千克、韭薹2 000千克，韭薹鲜嫩、碧绿、清香、辛辣、味甜，品质优良。

（3）适应范围。适合全国大部分地区露地和早春保护地栽培。

03

第三章　韭菜露地栽培关键技术

韭菜喜凉、耐热，有很强的耐寒性，喜湿、怕涝，抗逆性强，适应性广，全国各地均可种植。更新复壮能力强，露地栽培是一种最普遍、最经济的栽培方式。

韭菜露地栽培种植一次可收获4~5年，每年可收割5~7茬。在中国中部温和地区，露地栽培条件下，韭菜第二年进入正常生长，一年之中有两个生长高峰，一个在春季3~5月，一个在秋季8—10月，早春到初夏可收割3~4茬，入秋到冬初收割2~3茬。

一般当年3月下旬至4月下旬播种，6月中下旬移栽，或4月上中旬直播，夏季防治杂草养根，秋季9—10月可收割1~2茬，第二年当5厘米地温升到2~5℃时即2月上中旬便开始萌发生长。前期由于温度低，韭菜生长慢，头茬鲜韭生长期较长，韭菜假茎粗壮，叶片宽大肥厚，营养丰富，单株商品性状优但单位产量偏低，价格高，第一茬经济收入高。从2茬起，韭菜生长期间，温度、光照等条件比较适宜，生长速度最快，肉质鲜嫩，产量最高。进入6月随着温度的升高，光照越来越强，粗纤维含量增加，韭菜品质开始下降，口感变差，到炎夏季节6月下旬至8月上旬一般不收割。入秋后天气逐渐转凉，气温下降，昼夜温差加大，韭菜进入一年中的第二个旺盛生长期，营养含量丰富，叶色嫩绿，质地柔嫩，辛辣味浓。入冬温度降到0℃以下时，地上部分枯萎，韭菜进入自然休眠状态，然后转入冬季被动休眠状态，需要等到下一年早春再开始新一轮生长。

韭菜耐寒性极强，在中国中部或南部露地生产时，如果结合小拱棚、塑料大棚等保护设施，可弥补空缺进行周年生产，达到周年供应，有效地增加韭菜生产的经济效益，同时也需要采取科学的管理方法。

第一节　种植方式

韭菜种植方式有播种和分株移栽，目前多为播种种植。播种种植方式有两种：一种是种子大田直播；另一种是育苗移栽。在城市近郊和人多地少的地区及设施栽培时，为了提高土地利用率，大多采用育成苗后移栽定植的方法，规模化、标准化种植多采用种子大田直播。

一、大田直播

即采用当年生产的韭菜种子，直接按照韭菜种植地块的大小，设定好行距和播种量，将种子用机械直接播种到整个种植地块上。

大田直播的主要优点：操作技术比较简单，可减少定植用工，省去了韭菜定植缓苗时间，可提前收割，当年收益高，适宜规模化种植，在无霜期短、韭菜适宜生长期短的北方地区也比较适应。

大田直播的缺点：种子大田直播时，管理不如苗床管理精细，因此种子出苗率较低，不仅播种量要加大，而且韭菜苗生长整齐度较差，苗期占用土地面积大、时间长，苗期浇水、施肥和中耕除草用工投资成本加大，若管理不当易形成"草吃苗"现象，尤其在土壤黏重、地下害虫严重的地区，直播更容易造成缺苗断垄。播种浅，种植年限较短。

二、育苗移栽

育苗移栽是将整个种植地块需要的种子播种在仅相当于种植地面积 1/3 的育苗地上，而后再将育成的韭菜秧苗移栽到整个种植地块上。

育苗移栽有以下优点：育苗移栽不仅可提高土地利用率，节省种子，减少苗期浇水、施肥和中耕除草用工投资，而且便于培育壮苗，定植时又可以进行大苗分级，移栽定植密度一致，种植年限较长，有利于田间管理，提高单位土地面积上的经济效益。但是，育苗移栽也有不足：一是育苗移栽增加了移栽用工，二是延长了移栽缓苗时间，三是减少了当年收割茬次。

第二节　播前准备

一、育苗地的选择

对于传统的采用撒播方式进行覆土育苗的苗床地，要选择土壤肥沃，富含有机质、保水、保肥能力强，地势平坦，排灌方便，便于管理的地块，最好是壤土或沙壤土，起苗时可以少伤根。前茬葱、韭、蒜的地块，不宜作为韭菜苗床，以免病虫害再侵染，加重危害。前茬作物中草荒较大，草籽和多年生草根较多的地块也不宜作为韭菜育苗地。

所选苗床地在前茬作物收获后应清洁田园，冬耕施肥，要深翻晒土，使之充分风化。如果尚未结冻，要施足腐熟的有机肥，翻入土内，浇足封冻水，经过冬冻春融之后，翌年春耕春耙，以消灭杂草、虫卵和病菌，提高土壤肥力，改善土壤透气性。

二、施足底肥

育苗地须施足底肥，底肥以农家肥为主。一般每亩施农家肥2 000千克或商品有机肥1 000千克、过磷酸钙100千克、硫酸钾复合肥30千克，而后深翻整地。韭菜育苗前期一般不追肥。

三、整地作畦

韭菜属于小籽作物，种皮厚，吸水难，出土慢，出苗力差，且呈弓形出土的特点。播前必须精细整地。韭菜春播时，在冬前施入底肥，然后将土地耕翻30～40厘米。播种前再浅耕一遍，耕后耙碎搂平。北方宜做成厢式平畦，四周有畦埂；南方多雨可设高平畦，畦四周挖出排水沟便于排水。育苗畦一般宽1.5米，长10米。直播畦宽2.5～3米，长度因地而定，但不可过长，否则不便将畦整平，亦不便苗期管理。底肥应在土地耕翻地前普遍撒施。切忌在土地耕翻后直接撒入已做好的畦面，浅锄后就播种，容易出现肥烧、烂籽现象。

四、种子处理

为早出苗、出齐苗，韭菜多采用浸种催芽播种。具体方法：播种前 4～5 天，将种子放在 40 ℃左右的温水中浸种 30 分钟，同时，边倒种子边搅拌，待水温降至 30 ℃以下时，后在逐渐冷却的常温水中浸泡 20～24 小时，漂去瘪籽，捞出冲洗 2～3 次，用干净的湿棉布包好，放在无油腻的瓦盆或瓦罐内，用湿布覆盖好置于 20 ℃左右通风透气的地方催芽。催芽期间每天上午用清水冲洗种子 1 次，并上下翻动种子，以利种子呼吸换气，萌芽均匀，2～3 天后，30％种子钻尖露白时，即可播种。韭菜幼芽脆嫩，易碰断且顶土力弱，所以切忌幼芽太长再播种。韭菜种子寿命较短，一般播种用当年采收的新鲜种子，切忌使用 2 年以上的种子。

第三节　育苗和直播

一、播种期

韭菜种子发芽的适宜温度为 15～18 ℃，幼苗期适宜的生长温度为 12～17 ℃，定植后在 12～24 ℃时，根部生长发育最快。一年中有两个适播期：一个是春夏播，时间主要集中在 3—4 月；另一个是秋播，时间主要集中在 8—9 月。

1. 春夏播　春夏播种持续的时间比较长，从土地消冻就可以开始，其后历时近 3 个月，但不同时期育苗的出苗时间长短不一。春季日平均温度稳定达到 10 ℃时的这一时期是韭菜春季的最适播期。在黄淮地区，"惊蛰"时播种需 15～20 天才可出苗，"清明"时播种需 7～10 天，"立夏"时播种 5～7 天即可出苗。

2. 秋播　在黄淮地区，秋播韭菜的适宜播期是从"白露"到"秋分"。需要等天气冷凉（日平均气温降到 22 ℃左右）后才可播种，韭菜越冬前（温度降到 3 ℃）要有 50～60 天的生长期，有这样苗龄的苗才能够安全越冬。用于秋播的韭籽宜放在冰箱等低温保管越夏，以防高温引起发芽率降低。

二、播种量

韭菜的种子较小，适宜的播量一般为每亩苗床播种 5～6 千克，育成的苗可供 3～4 亩地定植。露地直播每亩需种子 1.5～2.5 千克，土壤肥力高的可少些，肥力差的则多些，播期偏晚的应适当加大播量。

三、播种方法

播种方法有撒播和直播两种。

1. 撒播 常用于小规模种植，育苗移栽一般采用整畦撒播。育苗地平整后做成宽 1.5 米、长 8～10 米的畦，先从畦面取出 3 厘米厚的表土，放在畦外过筛，以备播后覆土，并将畦面搂平浇水，然后撒种、覆土、覆膜和揭膜。

（1）浇底墒水。育苗播种之前底水必须浇透，一般畦面水深 3～4 厘米，待水渗下后及时进行播种，且在浇水当天必须播种。沙土地育苗应于播种前 3～4 天浇足底墒水，待水渗下土壤散松后用锄中耕或用耙搂松搂平畦面，然后再撒种、覆土和覆膜。

（2）铺底土。水渗下后先撒 1 厘米薄层细土，以免种子粘泥，影响呼吸，底土厚度为 0.5～1 厘米。

（3）撒种。撒种之前应计算出每畦的播种量，称出放到盆内掺入 3～4 倍的细沙，分 2～3 遍撒完，然后覆土。

（4）覆土。一是覆土厚度为 1.5～2 厘米。覆土过厚，幼苗出土时间长，养分消耗多，韭菜苗不壮；反之，覆土过薄，会产生露白倒伏和戴帽出土，揭膜后会因覆土过薄保墒不好而回芽。二是覆土厚薄要均匀。三是覆土所用细土，不可从杂草多的地块取土，封土后用竹片刮平保持表土既疏松又湿润的状态，有利于种子发芽出土。

（5）地表喷洒除草药膜。播种后随即用 33％二甲戊灵乳油 1 000 倍液均匀喷洒畦面，以防杂草。

（6）覆膜。早春晚秋韭菜育苗，多采用地膜覆盖以提高地温、保持土壤墒情。春末夏初韭菜育苗须在膜上撒些麦秸、杂草等物遮阳

42

降温。

（7）揭膜。播种后 7～15 天，待 70％以上种子出苗即可揭膜。春末夏初育苗，气温较高，出苗快，播种 7 天以后就要注意每天观察，达到 30％出苗时就应该及时揭去地膜。如果出苗情况达到揭膜标准，遇到阴雨天时，要于雨前及时揭膜。如果揭膜时一直是晴好天气，则揭膜应于下午 4 时以后进行。揭膜后，如果发现个别地方因覆土过薄而出现露白倒伏的，要再补撒些湿润细土。

2. 直播　常用于大规模种植。如果是催芽后直播育苗，一般采用幅播。在平整好的地块上，先用锄开沟，行距 30 厘米，沟深 7～8 厘米，行幅 5～10 厘米，将露白的种子均匀地撒播在沟内，然后覆 1.5 厘米厚细土，随即顺沟浇小水。

如果是干籽直播，可于播种后轻踏，一是为防止土壤不实，引起种子发芽后吊苗，影响幼苗的健壮生长；二是防止浇水冲刷使畦上的土流入沟里，造成淤苗；三是可减少畦上土壤松动，防止杂草滋生。播后要经常保持土壤湿润，苗出齐后，随幼苗生长分次封土，以促根壮苗。为防止地下害虫蛴螬、蝼蛄等，播种后每亩撒毒饵 10～15 千克。为防止杂草丛生可于播种覆土后每亩喷施 50％扑草净可湿性粉剂 50～60 克，稀释成 1 000 倍液，或用 33％二甲戊灵乳油 80～100 毫升，稀释成 800 倍液地表封闭，以防杂草。播种后出苗前，4～5 天浇水 1 次，连续浇水 2～3 次即可出苗。

干籽直播也可采用机械进行播种以减少用工，节省成本。

四、苗期管理

韭菜苗期较长，一般 90～120 天，必须加强管理，才能培育壮苗。在保持 80％～85％土壤湿度的情况下，播种早地温低出土慢，播种晚地温高出土快，春播一般 10～15 天可齐苗。从出苗到达到移栽定植所要求的苗大小和叶片数，一般需要 80～100 天。秋季育苗，冬季气温较低，韭菜苗生长较慢，一般需要 110～120 天。韭菜苗期管理需要注意以下几个方面的问题：

1. 苗期管理的原则　在韭菜苗期管理上应掌握前期促苗、后期蹲苗的原则。促苗的目的是加快小苗发根长叶的速度，促苗的主要措施是创造适宜韭菜幼苗生长的温度、湿度、肥水条件，使幼苗尽快长出肥大的营养体。蹲苗的目的是抑制韭菜幼苗地上部分的过快生长，控制韭菜幼苗的高度，防止倒伏，促进根系发育和植株体内营养物质的积累。蹲苗的主要措施是少浇水，不施肥，尤其是不施过多的氮肥，并及时防治各种病虫害。苗高 20 厘米左右时，要适当控制浇水，进行蹲苗，防止徒长，促进叶片养分积累和根系发育，培育壮苗。

2. 苗期水肥管理　韭菜幼苗根系小且浅，吸水能力较弱，因此，韭菜出苗揭膜后要及时浇一遍水。这时因韭菜刚出苗，幼苗小，根系小而浅，固土支撑力较弱，且育苗时畦面表层覆盖的一层细土极易随水冲动，所以出苗后浇第一遍水时要特别注意水的流速不要过快，以防冲走苗床上覆盖的细土和幼苗。苗畦浇到头要及时堵水口，忌畦面长时间大量积水。以后 7～10 天浇一遍水，保持土壤表面湿润不板结为宜。为促进幼苗生长，韭菜苗高 10 厘米左右，第 1 片真叶开始抽生时，结合灌水可追施第一遍肥，每亩追施尿素 8～10 千克，15～20 天追施第 2 次肥，每次每亩追施尿素 10～15 千克，连续追肥 2～3 次，发现有韭蛆危害时可结合浇水顺水每亩冲施 1 千克辛硫磷，防治韭蛆。当韭菜苗高达到 20 厘米、单株叶片数达到 3 片以上时，即可开始蹲苗，停止追施氮肥，减少浇水，延长浇水间隔期，保持畦面间干间湿。

韭菜根系属于肉质根系，像其他肉质根系的作物一样，极怕水淹，苗床积水 8～10 小时就可能导致韭菜烂根死亡。北方韭菜育苗又多是高埂低畦，苗床极易积水，因此，韭菜苗期如遇天降大雨，必须及时排出畦内积水，以防水淹致死。

第四节　定　　植

一、定植时期

早春播的韭菜以春末夏初定植为宜，韭菜苗龄在 100 天左右，株高 20～25 厘米，叶鞘粗 5 毫米以上，单株叶片有 4～5 片时即可定植。3—4 月播种的在 6 月中下旬小麦收割后或春菜拉秧后进行定植，5—6月播种的在8月中下旬定植，秋季播种的翌年3月底4月初定植。总的原则是：韭菜定植期最好错开高温高湿季节，日平均温度以20~25℃为宜，最高不要超过30℃，才能使定植后的韭株利于缓苗，充分发育，为今后的生产打下坚实的基础。

二、定植前准备

1. 定植地块的选择 地块选择应遵循以下原则：一是选择土层深厚的肥沃土地。二是选择平整的地块。三是选择前茬不是葱、韭、蒜作物的地块。四是选择土壤酸碱度为中性或接近中性的壤土或沙壤土为宜。五是选择避开交通主干道或工业污染较重的地块。六是选择土壤、大气和灌溉水等环境质量适宜绿色栽培的地块。

2. 施足底肥 韭菜是喜肥的蔬菜。尤其是氮肥不仅能提高产量，而且能使纤维减少，品质柔嫩，适当施用磷肥可以促进根系发育，钾肥能提高抗病能力。因此，定植前一定要施足底肥。底肥以腐熟的鸡粪、牛粪、人粪尿和圈肥为好。这些有机肥肥效长，有机质含量高，能改良土壤结构，有利于根系的发育，需要强调的是施入的有机肥必须充分腐熟，未经充分腐熟的有机肥不仅有大量的成分不能被韭菜吸收利用，而且施入土壤以后会继续腐熟，腐熟过程中产生的热量和有机酸会引起韭菜烧根而死。再者，未经腐熟的有机肥中含有大量的致病菌和虫卵，会给韭菜带来污染。一般结合犁地每亩施商品有机肥1 000千克，过磷酸钙50千克和硫酸钾复合肥30千克作底肥。

3. 整地作畦 韭菜种植前一定要深耕。一般耕翻深度为30~40厘米。土壤耕翻以后，首先要耙碎搂平，然后再整地作畦。南方雨水较多，一般采用高畦栽培，畦宽1~1.5米，高10~15厘米。北方多采用平畦定植，畦宽1.5~2米，长10米左右，畦埂高12~15厘米。

4. 起苗 育苗畦应在定植前5~7天轻浇一遍水。为了防止苗期病虫害带入定植地块，起苗前1天可用10%吡虫啉2 500倍液集中杀灭蓟马、韭蛆成虫和潜叶蝇，同时用70%的代森锰锌800倍液喷洒叶面，以防韭菜感染灰霉病、疫病和其他各种病害。病害和虫害可混合用药，综合防治。韭菜起苗可以用锨，也可以用锄和三齿耙等工具，先从苗床的一头从韭菜苗鳞茎盘的下方5～7厘米处连土带苗一同刨出，然后将土擞掉，去除病残弱苗，并将大小苗进行分级。大小苗分别栽种。

起苗时剪根剪叶是传统的移栽办法。虽然可以减少叶面水分的蒸发，达到了预留叶片不干枯的目的，但是，在剪根剪叶时也大量损失了韭菜叶片中储存的养分。不剪叶虽然有部分叶片萎蔫干枯，但叶片干枯时其内储存的养分已经回流到根系，定植后缓苗快，生长势强。试验表明：韭菜剪根剪叶与不剪根剪叶相比，其新根发生数可减少20%，新根长度可减少43%，因此，现在韭菜移栽一般不剪根不剪叶。韭菜苗起好后，要摊开摆放到阴凉处，千万不可大堆堆放。特别是韭菜苗起苗后未来得及定植就遇到了阴雨天气时必须将苗充分摆开。起苗后应及时移栽。最好是随栽随起，及时定植。

三、定植密度、方式和方法

1. 定植密度 分蘖力较弱、直立性强的品种，要适当密植，亩定植苗数20万～25万株。分蘖力较强、株形较披展的品种，要适当稀植，亩定植苗数15万～20万株。

2. 定植方式 按韭菜栽培畦面的高低可分为高平畦定植和厢式平畦定植两种。中国南方地区，地势低，水位高，阴雨天气地表时常积水，为了减少韭菜浸水，改善韭菜根系的透气和呼吸多采用高平畦栽培。一般畦宽1.0～1.5米，畦面高12～15厘米，每畦定植4～5行，行距30～35厘米，行幅5～10厘米，两畦之间开沟，沟宽30～35厘米，以利浇水和雨后排水。中国中部和北部地区多采用厢式平畦栽培，一般畦宽1～3米，每畦定植4～10行，行距25～30厘米，畦面较平，畦的四周作埂，埂宽40～45厘米，埂高10～12厘米，以利韭菜浇水。按韭菜的栽苗方法又可分为行栽和丛栽。行栽是按照行距和栽培密度将韭菜苗均匀地摆放到一行上，韭菜株与株之间距离相等，韭菜行栽时通风透光较好，有利于韭菜养分吸收和韭菜分蘖。一般行距25～35厘米，株距为1厘米左右。丛栽也是按照一定的行距开沟，每隔一定的间距摆放一丛。韭菜丛栽时，有一定的竞争优势，行间通风效果较好，但根系集中不利于养分的吸收，影响韭菜的分蘖能力。一般行距 25～35 厘米，丛距 15～25 厘米，每丛 8～10 株。

3. 栽培方法　用锄按行距 25～35 厘米开一条宽 10 厘米、深 8～10 厘米的沟，然后按株距或丛距将韭菜苗摆入沟内，行栽时每 1 厘米摆苗一株，丛栽时每 15～25 厘米摆苗一丛，每丛摆苗 8～10 株。开第二沟时，用第二沟的土将第一沟的苗封上，封土厚度 3～4 厘米，以不埋住心叶为宜，多余的土放到行间，随着韭菜的逐渐生长和跳根再将行间土慢慢培到韭菜周围。韭菜封土后，沿行向轻踏一遍，然后浇一遍定根水。

第五节　定植后的管理

韭菜是多年生宿根蔬菜，最适宜在春秋冷凉气候下生长，3—4 月育苗到 6—7 月移栽，8—9 月育苗到第二年 3—4 月移栽，不同的定植时间管理略有差异，定植后当年和以后几年的生长发育阶段不同，栽培管理也不相同，现以夏季移栽为例对定植后管理进行讲解。

一、定植后第一年的管理

韭菜定植的当年着重"养根壮棵"，培育健壮的植株，长成肥大的吸收和同化器官，积累养分有利越冬，所以定植当年一般少收割以养根为主，可于秋季收割 1～2 刀，也可作秋延后设施生产。

1. 浇水追肥　定植后要及时浇一遍定根水，使根部与土壤紧密结合，7～10 天以后再浇一遍缓苗水，促进幼苗成活。缓苗后，新叶出现时，要结合浇水追肥一次，每亩追施尿素 10～15 千克。进入高温多雨季节，要减少浇水，使畦沟畅通，做好排水工作，避免烂根死苗。但是在夏季雨水较少的地区，还要适当浇水，保持地面湿润，以利韭菜夏季健壮生长。9～10 月昼夜温差大，气温多在 14～24 ℃，是韭菜生长的最适时期，应加强肥水管理，促进叶片、根系生长和韭菜鳞茎的膨大，促进养分充分积累，利于韭菜安全越冬和来年春季的长势。一般秋季每隔 7～10 天浇水 1 次，结合浇水追施尿素和复合肥 2～3 次，每次每亩追施尿素 5～10 千克，复合肥 15～20 千克。10 月以后，天气逐渐变冷，生长速度减慢，叶片中的营养物质逐渐向鳞茎和根系回流。此时根系吸收能力减弱，叶面水分蒸腾减少，应减少灌水，保持地表不干即可。冬季雨雪稀少，西北风凛冽，地面蒸腾量大，易造成旱害，为确保韭菜安全越冬和翌年返青快，应在 12 月初浇一遍封冻水，利用夜间结冻、白天冰消促进土壤风化，使水分截流在韭菜可利用的土层内，保证韭菜根株的安全越冬。

2. 中耕除草　韭菜定植当年，田间群体小，地面空间大，极易发生草荒。尤其是炎夏高温多雨季节，杂草生长旺盛，争夺阳光和养分，危害极大，应及时拔除或及时喷洒二甲戊灵等封闭型除草剂。一般在第一次除草剂药效过后拔除一次杂草，而后浇水施肥，可再用除草剂密封地面。

3. 越冬管理　立冬过后，外界气温降至 −5 ℃，黄河流域 12 月上旬，土壤开始结冻，韭菜地上部分枯萎进入休眠，为使韭菜地下根茎免受冻害，防止翌年春季受旱害和促进早萌发，入冬前必须认真浇好封冻水，结合浇封冻水灌药防治韭蛆。浇水前，每亩追施腐熟有机肥 10 000 千克，并进行深锄中耕，如地面覆盖麦秸、稻秆等，对当年越冬、翌年返青均有较好的效果。

在中国北方高寒地区，回秧型品种豫韭菜一号能以根茎状态自然越冬，抗寒性强的 791、韭宝、棚宝、平丰 8 号、航研 998 等浅休眠品种，也能通过设施栽培顺利越冬。韭菜越冬能力的强弱，不仅与植株冬季营养物质积累的多少有关，而且与土壤保水性的强弱和风力的大小有关，因为冻害的产生除受低温极限温度的高低和持续时间长短的影响外，寒风侵袭导致土壤大量失水，降低了土壤水分对温度的调节能力，也容易引起植株死亡。为了使土壤保持足够的水分，供应根株翌年萌动生长和安全越冬，浇足封冻水更为重要。

二、第二年及其以后的管理

一般在定植后第二年春季开始正常收割韭菜。韭菜在适宜的生长条件下制造的营养物质，既可用于叶部生长，也有一部分贮藏于根茎之中。韭菜收割后，要依靠根茎中贮藏的养分供应新叶萌发。为此，加强田间管理，正确处理养根与收割的关系，就成为韭菜高产的关键。

1. 春季管理　春季是韭菜生长的第一高峰期，田间管理水平的高低对鲜韭的产量有直接的影响。在此期间，叶片生长速度快，植株长势旺盛，为此，在返青前要及早除去和清除地面的枯叶杂草。当日平均气温 0℃以上土壤开始解冻，在韭菜开始萌动生长之前，就要抓紧时机深锄一次，将冬前覆盖的有机肥翻入土壤中，同时搂平畦面，整畦埂。韭菜萌发后，根据墒情适时浇水，若土壤潮湿可不浇水，若土壤墒情不足，应及时浇返青水。结合浇水进行追肥，每亩施硫酸钾复合肥 20 千克和尿素 10 千克。随后深锄保墒，增加土壤通透性，提高地温，促使植株快速生长，一般 35～40 天可收割第一刀韭菜。由于早春气温较低，蒸发量小，以小水浇为宜。

韭菜春季适宜生长期长，收割次数多，养分消耗大。为了确保韭菜持续稳产高产，除了施足底肥以外，还要坚持"刀刀追肥"的原则，及时适量追肥。韭菜耐肥性较强，每次收割后 2～3 天，待伤口愈合，新叶出土 2～3 厘米时，结合浇水每亩追施硫酸钾复合肥 15 千克和尿素 15 千克，利于恢复韭菜的长势，提高下茬的产量。一般情况下 28～30 天收割第二刀，25～30 天收割第三刀。

韭蛆是韭菜春季生长的主要害虫，受韭蛆危害轻的植株枯黄萎蔫，重者成片死亡。3 月上中旬是韭蛆成虫卵化期，成虫起飞初期可用糖醋液或黑板诱杀，或用 2.5％溴氰菊酯 2 000 倍液加 10％吡虫啉 2500 倍液喷雾防治，5～7 天 1 次，连续 2～3 次。4 月上中旬韭蛆幼虫危害初期，可用 50％辛硫磷乳油 1 000 倍液灌根防治，控制韭蛆危害。

2. 夏季管理　韭菜在高温、多雨的夏季，叶部光合作用降低，呼吸强度增强，植株长势减弱，叶部组织纤维增加，叶肉粗硬，品质下降，食用价值低，而且生长缓慢，几乎处于静止状态，出现"歇伏"现象。因此，夏季一般不收割韭菜，只进行养根壮秧管理，这一季节应适当施肥，减少浇水。最好在 6 月初及时清除田间枯叶杂草，每亩沟施尿素 20 千克，然后浇水，到 6 月 15 日左右，每亩再追施 30 千克氮、磷、钾复合肥，使植株健壮生长。

在夏季"歇伏"阶段，会遇到韭菜倒伏的情况。这是由于生长过旺造成假茎细长纤弱或叶片肥大头重脚轻引起的，自然倒伏的韭菜多为叶片向外倒伏的披头状，如果处理不及时或不当，则会造成下部叶片黄化、腐烂和生长势变弱，以致滋生病害。针对倒伏韭菜要及时处理，将上部叶片割掉 1/4～1/3 以减轻重量，改善株间光照，使韭菜自然恢复直立。若发生在雨季可逐垄用手捋掉老化叶和一部分叶根部，使植株充分通风透光。雨后要及时排水，防止倒伏和烂根，并且科学追肥、拔草，增加行间通风透光，提高叶片的光合作用，使植株肥大粗壮。

韭菜多在 7—8 月抽薹开花结实，要消耗大量养分，影响生长、分蘖和养分积累。因此，除留种田外，要在薹茎高 20～30 厘米、花苞尚未膨大时及时采摘嫩薹，这样既有利于养根，又能增加收益。

3. 秋季管理 秋季温度适宜，光照充足，昼夜温差大，是韭菜年生长周期中的第二次生长高峰期，也是肥水管理和病虫防治的关键时期。在此期间不仅要收割青韭，还要使根茎积累较多的养分，为韭菜安全越冬和翌年早春丰产打下基础。因此，除韭菜收割后"刀刀追肥"外，每 15 天左右追肥 1 次，每次每亩施复合肥 15～20 千克和尿素 5～10 千克，培肥韭根，连续 2～3 次。为减少越冬虫源，追肥后结合浇水用 50% 辛硫磷乳油 800 倍液灌根，可有效防治韭蛆。

在秋季，韭菜逐渐枯萎，行间裸露，为了充分利用地力，增加收入，还可在韭菜畦埂栽种或播种小白菜、菠菜、香菜等低矮叶用蔬菜，到翌年 2 月底腾茬。

4. 冬季管理 进入 11 月，不进行保护地栽培不追肥，要在韭菜休眠回秧前 40 天左右停止收割。使植株自然枯萎，也叫"回秧"。这样可使叶部的养分逐渐向根茎转移，提高根茎细胞溶液的浓度，增强植株越冬抗寒能力，为翌年韭菜健壮生长奠定物质基础，12 月初清除田间地边杂草，减少越冬病虫数量，结合中耕每亩施腐熟的优质有机肥 5 000 千克，浇足封冻水，同时随水用 50% 的辛硫磷乳油 800 倍液灌根，可减轻第二年春季韭蛆的危害。

第六节　收获及收获后的管理

韭菜再生能力强，生长速度快，种植一次可生长多年，一年可收割多茬。为持续高产，防止早衰，应科学收割。

一、收割茬数

每年收割次数的多少，要视品种、生长势和土壤肥力而定。河南省平顶山市农业科学院（原平顶山市农业科学研究所）2001—2003年对不同品种、不同茬次收割的韭菜单株性状，日平均生长速度与亩产量的关系进行试验，调查结果表明：在中等水肥条件下，休眠品种豫韭菜一号，年收割6茬，亩产10 375千克；收割7茬，亩产11 500千克；收割8茬，亩10 250千克。不休眠品种平韭4号，年收割4茬，亩产12 725千克；收割5茬，亩产16 100千克；收割6茬，亩产13 325千克；收割7茬，亩产12 350千克。由此而知，豫韭菜一号以年收割5~6茬为宜，平韭4号以年收割6~7茬为宜。

二、韭菜的适宜收割季节

韭菜的品质与气候条件密切相关，春秋两季气候凉爽，昼夜温差大，适宜韭菜的生长和营养物质的积累，味最鲜美，生长速度快，品质好，产量也最高。夏季高温，生长期短，光合产物少，品质变劣。因此鲜韭生产以春秋两季为宜。

三、韭菜的收割间隔期

韭菜收割间隔的天数是影响韭菜收割与养根的重要因素。一般来说，韭菜收割后的前20天，主要进行叶片组织的生长和器官的扩张，体内光合有机物质的积累小于光合有机物质的消耗，叶片生长所需要的养分主要来源于上茬生产时韭菜叶片的光合积累。收割后生长20天以后，韭菜的叶片已经有3~4片，韭菜高度达到20厘米以上，此时韭菜体内物质消耗与光合物质的合成基本平衡，随着叶面积的不断扩大和光合效率的不断提高，光合物质的积累变成现实，经过 10～15 天的积累，才能基本满足韭菜一茬叶片生长的结构物消耗。因此每茬韭菜的收割间隔期应为 30～35 天。韭菜不同季节叶片的生长速度和光合生产效率不同，不同季节韭菜收割的间隔期也不同。同时也应根据植株的长势和市场的需要而定。早春 3 月和晚秋 10 月生产的鲜韭菜，香辛味浓，品质佳，蔬菜供应又面临淡季，韭菜价格高，应适当早割，一般韭菜长到 30 厘米左右就可以收割上市，这时追求的是效益而不单纯是产量。而气温高、生长快、菜价低时，韭菜长到 40 厘米左右时收割，这样可以通过高产而获得好的收益。

四、韭菜收割时间

收割的时间以清晨为宜，经过一夜的水分吸收，韭菜鲜嫩多汁，品质较好，同时，经过一夜的温度散失，韭菜温度较低，便于贮存和运输。避开炎热的中午和阴雨天收割，不仅可保持韭菜鲜嫩，还可避免造成刀口病菌感染和病害发生。

五、韭菜收割方法

当株高 30 厘米以上，平均单株叶片 4～5 片，生长期在 28 天以上时即可收获，早收割影响产量，晚收割影响品质。韭菜适合晴天早晨收割，植株叶部水分尚未蒸腾，品质格外鲜嫩。收割时留茬高度要适宜，一般以地表下 1～2 厘米为宜。俗话说："扬刀一寸，等于多上一层粪"，收割留茬过高影响当茬产量和品质，留茬过低容易损伤根茎，影响下茬的产量。叶鞘割口处呈绿色说明下刀过浅，呈白色说明下刀过深，叶鞘割口以黄绿色为宜。收割时所用的镰刀要锋利，镰刀要放平，刀口要平齐。收割后的韭菜要分拣加工，及时上市，提高商品质量，增加经济效益。

六、收割后的管理

韭菜田收割后要及时清除杂草，搂平畦面，收割后 2～3 天，待韭菜伤口愈合，新叶长出土后及时追肥、浇水，然后中耕松土，及时防治病虫害，为韭菜的健壮生长创造良好的环境条件。

第七节 韭薹、韭花及种子生产

在高温高湿的夏秋季节，韭菜纤维多，而且不耐贮存，市场滞销，严重制约着鲜韭的价格和效益。而韭薹味道鲜美、爽脆芳香，是烹调佳品，韭花香味浓郁，既可以腌制成调味小菜，又可以加工成火锅调料，有着广阔的市场。搞好韭花和韭薹生产，同样能够取得较好的效益。

一、品种选择

选择适宜的品种是进行韭薹和韭花高产高效生产的前提和基础。优良的韭菜薹用品种一般应具备以下几个条件：一是抽薹时期较长，单株抽薹数多，从 4 月中下旬至 9 月上中旬均可抽薹，单株抽薹数可达 2～3 个；二是韭菜粗壮，韭薹肥大，一般韭薹长 25～30 厘米，粗 1 厘米左右，单薹重 8～12 克；三是韭薹充实，鲜嫩，粗纤维少，香味浓厚；四是产量高，耐老化。韭薹生产中可以选择平丰薹韭、铜山薹韭和四季薹韭等品种。

优良的韭菜花用品种应具备以下特点：一是花朵大，单花序小花数多，且花柄短；二是韭菜抽薹期短，抽薹集中，单株抽薹数较多；三是花蕾和小花败育少，小花开花集中，花期短；四是小花结实率高，韭花成熟采收期一致。韭花生产中可选择韭花与鲜韭的兼用品种豫韭菜一号和平丰 1 号等。

二、培育壮苗

3 月中下旬苗床育苗，每亩播种 5～6 千克，浸种催芽，撒种覆土，覆盖地膜保墒保温，揭膜后及时使用除草剂，及时防除苗期杂草，防治各种病虫害，加强肥水管理，培育健壮的韭菜幼苗。

三、施足底肥，精耕细作

6 月中下旬，前茬作物收获后及时腾茬，随后施入底肥，每亩施腐熟有机肥 10 000 千克, 氮、磷、钾复合肥 50 千克, 深翻 40 厘米, 反复搂耙 3～4 遍, 耙碎搂平, 最后做长 10～15 米、宽 2.5～3.0 米的畦, 以备定植。

四、适时定植, 合理密植

6 月中下旬, 韭菜苗高达到 25 厘米以上, 叶鞘粗 0.5 厘米左右, 单株叶片数有 4～5 片时即可移栽定植。起苗时尽量保证完整的根叶, 剔除病残弱苗, 大小苗分开栽植。移栽时, 用锄按 20 厘米的行距开沟, 沟宽 7～10 厘米, 沟深 7～8 厘米, 按株距 2 厘米进行摆苗, 每亩基本苗 16 万株, 然后用下一行开沟的土将第 1 行的苗封住, 封土厚度为 3～4 厘米, 以不埋住心叶为宜, 多余的土堆放行间, 随着韭菜的生长和跳根逐渐培到韭菜根部。定植后及时沿行轻踏一遍, 以防浇水时将苗冲走。

五、加强肥水管理

薹韭定植后及时浇一遍定根水, 7～10 天以后再浇一遍缓苗水, 结合浇水每亩可追施尿素 20 千克, 以加快缓苗和生长。夏季不浇水, 不追肥, 雨后要及时排水防涝, 人工拔草或化学除草, 及时防治病虫草害。从 8 月上旬开始, 加强肥水管理, 每 7～10 天浇水一遍, 15～20 天追肥一遍, 每次每亩追施腐熟人粪尿 1 000 千克, 或尿素、复合肥各 10 千克, 当年一般不收割。冬季薹韭回秧后, 每亩施腐熟有机肥 10 000 千克, 深锄中耕一遍, 并于土壤结冻前浇灌封冻水, 促进韭菜安全越冬。

韭花、韭薹生产一般选择两年生以上的根株。早春可以收割 1 茬青韭。从 3 月中下旬, 日平均气温达 18 ℃以上时停止收割, 韭菜收割后每亩追施氮、磷、钾复合肥 30 千克, 并浇水一遍, 加快韭菜的营养生长, 使植株在花薹抽生时有较多的叶片, 以保证光合有机养分的合成与积累。4 月中旬以后, 当韭菜长出 4～5 片叶时适当控水蹲苗 10～15 天, 以促进花芽分化。5 月以后及时清除田间杂草和田间病虫害, 韭薹抽生初期, 每亩施尿素 20 千克, 并浇水, 以后每 10～15 天浇水 1 次, 每 15～20 天追肥 1 次, 促使植株健壮生长和韭薹的鲜嫩肥大。韭花生产时，早春可以收割 2 茬鲜韭，每次收割后 2～3 天，及时施肥浇水。5 月中下旬控水蹲苗，促进花芽分化。6 月中旬每亩再追施 30 千克氮、磷、钾复合肥，以利花薹粗壮、小花数增多，花朵饱满，花序增大。为了增加韭花产量，在开花初期可以释放蜜蜂辅助授粉，还可以人工辅助授粉。

六、及时防治病虫害

在抽薹开花期间，还要注意防治病虫害。蓟马是薹韭生产过程中的主要害虫，韭株受危害后会在叶片和韭薹上留下许多白色的斑点，严重影响韭薹的商品品质。防治蓟马可用 1.8％的阿维菌素 2 500 倍液，或用 2.5％的溴氰菊酯 2 000 倍液喷雾防治，7～10 天 1 次，连续用药 1～2 次。韭花生产中的主要害虫是韭螟，它以幼虫蛀入花苞内吐丝结网危害幼蕾，严重影响韭花的产量和质量。7 月中旬是韭螟幼虫孵化盛期，应在幼虫未蛀入花苞前及时用 0.5％甲氨基阿维菌素苯甲酸盐乳油 800～1 000 倍液，或 2.5％溴氰菊酯乳油 2 000倍液喷雾消灭初孵幼虫。每 7～10 天 1 次，连续 2～3 次即可。夏季雨水连绵，田间郁闭高温高湿，最容易引起韭菜疫病的大发生。因此，雨后要及时排水，行间郁闭时要及时清除下部黄叶、病叶，促进通风透光，降低湿度。疫病发生前可用 70％的代森锰锌可湿性粉剂 800 倍液喷雾预防，发病初期可及时喷洒 25％甲霜灵可湿性粉剂 600～800 倍液，或 72.2％霜霉威水剂 1 200 倍液等。每 7～10 天 1 次，连续 2～3 次。

七、科学采收

采收要根据市场的需求而定。当薹茎高 20～30 厘米、花苞尚未膨大时采收，隔一天采收 1 次，束成 0.5 千克的小把保鲜上市，采收期长达 150～180 天。每亩可采收嫩薹 1 500 千克左右。以销售韭花为主的，应在小花全部结蒴，蒴果转为青绿色，手掐蒴果有白浆溢出时采摘为宜，也可直接采摘小花盛开的花序。一般亩产韭花 1 000～1 200 千克，韭花采收后应及时上市和加工。种子采收在硕果黄化、没开裂之前一次性采收晾晒，根据品种不同种子产量差异较大，一般亩产种子 50～100 千克。

八、采收后的管理

韭花、韭薹、种子采摘过后，要加强田间管理，进行追肥浇水和中耕除草，以尽快恢复根叶的生长，增加分蘖，确保秋季 1～2 茬的鲜韭生产取得丰产高效。

第四章 韭菜设施栽培关键技术

　　韭菜全年露地生产青韭时间大约 8 个月，设施生产青韭时间大约 4 个月，露地生产可以收割 5～7 茬青韭，如冬季利用设施进行保护地栽培，基本上可以全年不间断生产青韭。但为了设施生产青韭实现高产高效，露地生产时间只进行韭菜养根管理，不收割青韭，可在预留地带间作套种其他作物，既不影响韭菜的养根，又可以增加土地的产出。而且韭菜属于低矮作物，且耐阴性较强，间作套种其他作物，可以提高单位面积内的光、热、水、气等自然资源的利用率。综合来说，韭菜间作套种既不影响韭菜生产又提高了土地效益，是一举多得的好举措。

第一节　间作套种栽培技术

一、韭菜和豇豆、萝卜套种

　　韭菜喜湿耐阴，对光照要求不严，与豆角、萝卜间作套种，在空间上可以互补，在时间上兼顾了韭菜、豆角和萝卜的不同收获期。春秋冬季收割韭菜，夏季收获豆角，秋末冬初收获萝卜，一年两种三收，省工高效。

　　1. 各品种种植及收获时间　韭菜 3 月中下旬育苗，6 月下旬移栽，9 月、10 月收割 2 茬，如扣小拱棚则不收割养根，10 月中旬平茬，10 月下旬至 11 月上旬扣膜，12 月上中旬收割；豇豆 4 月上中旬播种，6 月上旬收获，7 月下旬拉秧；萝卜 8 月中下旬播种，10 月中下旬收获。

　　2. 品种选择　韭菜品种选择抗寒性较好、叶色较深，生长势强，辛辣味浓，高产优质的平丰 6 号、平丰 8 号、韭宝、航研 998 和平丰

22号等品种。豆角可选用之豇28-2、早豇1号、早豇2号。萝卜可选耐热抗病的平丰3号、平丰5号、平青1号和791等早熟品种。

3. 韭菜高产高效栽培技术

（1）催芽。韭菜育苗时间为3月上旬惊蛰前后，常用苗床撒播育苗，每种植100平方米要选择育苗地30平方米，每平方米播种10克，播种前要用40℃的温水浸种30分钟，并不停搅拌，待水温降至30℃时再浸泡20小时，然后将种子捞出，控去水分，置于25℃的温度条件下催芽2～3天，当有50％种子芽尖露白时即可播种。

（2）播种。播种时先将苗床施足底肥，深耕细耙，整碎搂平作畦，然后将苗床浇透水，待水渗下后将种子均匀撒播，再覆盖约1厘米厚的过筛细土，并用33％的二甲戊灵500～800倍液或用50％的扑草净可湿性粉剂1 000倍液均匀喷洒畦面，以防杂草。播种较早地温低，可用地膜覆盖，增加土壤温湿度，提高出苗率，韭菜苗出齐后揭去地膜。苗期管理前期要做到小水勤浇，保持地表湿润，并结合浇水追肥1～2次，每次每亩追施尿素5～8千克；育苗后期要适当控水蹲苗，保持苗床见干见湿，以控苗促壮，促进根系发育。到6月中下旬，韭菜苗长出5～6片叶时即可定植。

（3）定植时要选用前茬作物非葱韭蒜地作为定植地。定植前，要先施足底肥，一般每亩施腐熟优质有机肥5 000千克左右或商品有机肥2 000千克，氮、磷、钾复合肥50千克，深耕30厘米，耙碎搂平，然后做畦。韭菜畦宽1.5～1.7米或2.5～2.7米，每畦间隔1米，春季播种豇豆，秋季种植萝卜，冬季作为韭菜保护地的操作道，一般以南北畦向为宜。起苗时要将苗轻轻挖出，去除病残弱苗，随栽随起，保护好韭苗根叶，以利缓苗成活。韭菜定植可以采用行栽，亦可以穴栽，一般行距25～30厘米。穴栽时穴距15～20厘米，每穴8～10棵。行栽时株距0.7厘米，用锄开沟，沟深8～10厘米，按穴距或株距摆苗后封土3～4厘米，以不埋住心叶为宜。定植后，要先顺行轻踩一遍，然后及时浇定根水，浇第一遍水时，要小水轻浇，以防将苗冲走，7～10天以后，再浇一遍缓苗水。以后，随着气温的逐渐升高和光照的日益增强，韭菜进入高温歇伏期，这时，一般不需要追肥和浇水，但要注意降雨过后要及时排水防涝，以防淹死韭苗。进入 8 月中旬以后，随着气温的变凉，韭菜进入一年中的第二次营养生长高峰期。从 8 月下旬开始，每 10～15 天浇水一次，结合浇水每次每亩追施复合肥 20 千克、尿素 10 千克。

（4）露地栽培时。9 月上旬可收割第一茬鲜韭，韭菜收割后坚持"刀刀追肥"的原则，收割后 2～3 天追肥并浇水，及时补充养分，以提高下茬产量。9 月底 10 月初可以收割第二茬，11 月上旬可以收割第三茬，以后停止收割。冬季每亩施入商品有机肥 2 000 千克左右，并浇一遍封冻水，进入冬季养根阶段。

（5）秋延后保护地栽培时。夏季加强疫病防治，秋季不收割，但是要注意防止倒伏，及时去除下部老叶或除去上部叶片 1/3～1/2，促进通风透光，以防发病烂秧。黄淮地区，10 月下旬至 11 月上旬，日平均气温降低到 10 ℃以下，此时可以进行秋延后小拱棚模式进行保护地生产，可用长 3 米或 4 米的竹劈作拱架，宽 3.1 厘米或 4.1 厘米的 6 丝聚乙烯防雾膜覆盖，一般间距 80～100 厘米用 1 根，棚高 70～80 厘米，棚两端拱架各用一道斜杆支撑。扣棚前，要沿地表处清除地上部枯叶杂草，然后用 50％多菌灵 600 倍液喷洒地面及棚架灭菌。扣棚后 5～7 天，要预防韭菜灰霉病，小拱棚要两头通风，是因为扣棚前期，气温地温较高，棚温达到 25 ℃以上时要及时通风透气降温降湿。扣棚后 7～10 天，每亩用 10％百菌清烟剂 500 克，于傍晚分多点用暗火在棚内施放，闭棚一夜，第二天早上及时通风换气。当夜间棚内气温低于 5 ℃时要及时加盖草苫或收割，收割以后，棚膜不揭，两头通风，加强肥水管理，促进韭菜更新复壮，利于翌年春季收割。

4. 豇豆栽培

（1）整地。韭菜 2 月中旬撤棚以后，要及时将畦间人行操作道耕翻一遍，耕翻前要施足底肥，一般每亩施腐熟有机肥 2 000～3 000 千克，耙碎搂平，然后从中间开沟，沟宽 20 厘米，两侧 2 个豇豆畦分别宽 40 厘米，畦高 10～15 厘米，每个小畦播种 1 行豇豆，可露地栽培亦可地膜覆盖栽培。

（2）播种。黄淮地区一般 4 月 10～15 日播种，穴播或条播，穴播时，穴距 25～30 厘米，每穴播种 4～5 粒。为保证一播全苗，播种前应选种浸种，剔除瘪籽、霉籽、虫蛀籽和破损的种子，在阳光下晒种 1～2 天，然后用 45 ℃ 的温水烫种 30 分钟，再在常温下浸种 5～6 小时，控去水分后置于 25～28 ℃ 条件下催芽 1～2 天，待有 50％ 的种子钻尖露白时即可播种。

（3）苗期管理。幼苗出齐，待子叶展平后进行间苗，每穴留苗 2～3 株，当幼苗长至 6～7 片叶时进行定苗，每穴留苗 2 株。同时，全苗后要及时控水蹲苗，中耕 2～3 次，幼苗附近可浅锄，行间要深锄，以提高地温，促进根系发育。甩蔓前及时封沟培土。结合封沟每亩追施尿素 20～25 千克，然后浇水插架，豇豆可用长 2～2.3 米的竹竿和树枝做架材，每丛 1 根或 3 丛 2 根，每 6 根绑成 1 架。

（4）结荚期管理。豇豆结荚后，植株营养生长和生殖生长同步进行，养分、水分消耗较大，必须加强肥水管理。第一花序结荚后结合浇水追肥 1 次，每亩追施复合肥 1～20 千克，进入结荚盛期，每 10～15 天浇水 1 次，每次追施复合肥 15～20 千克，同时用 0.3％磷酸二氢钾喷施叶面。结荚后期植株衰老，要及时摘去下部的病老黄叶，以改善通风透光条件。

（5）科学采收。当荚条充分伸长、加粗，而种子尚未膨大时应及时采收。具体采收时间以每天上午 10 时以前或下午 5 时以后为宜，采摘时一手捏住荚条，一手护住花序，并注意保护同一花序上的其他花蕾，防止碰伤或碰落。

（6）虫害防治。地老虎昼伏夜出，极易咬断幼苗，可用 90％敌百虫 50 倍液拌麸皮制成毒饵诱杀防治。蚜虫主要集中在嫩头及嫩叶背部吸食汁液，潜叶蝇主要在叶片上下表皮蛀道为害，可用 10％吡虫啉可湿性粉剂 2 000 倍液或用 75％灭蝇胺可湿性粉剂 3 000 倍液喷雾防治。豆荚螟是豇豆的主要害虫，可危害叶、花和嫩荚，其防治措施：一是及时清除被害卷叶、落蕾、落花及落荚，减少虫源；二是采用黑光灯诱杀成虫；三是用 2.5％高效氯氟氰菊酯 2 000 倍液或 75％灭蝇胺可湿性粉剂 3 000 倍液、5％氟虫腈胶悬剂 2 500 倍液从蕾期开始，每 7～10 天喷 1 次，连续 3～4 次，采收前 7 天停止用药。

（7）病害综合防治。①实行轮作，与非豆类轮作间隔 3 年以上。②加强肥水管理，培育健壮植株，提高抗病性。③及时清除田间及周边杂草、枯叶、病叶，减少发病源。④合理密植，防止郁蔽，加强通风透光，降低空气湿度，控制发病条件。⑤发病初期采用化学防治。茎基腐病可用 20%甲基立枯磷乳油 1 200 倍液每穴 300 毫升。锈病可用 15%三唑酮可湿性粉剂 1 000 倍液或 50%萎锈灵乳油 800 倍液喷洒叶面，连续 2～3 次。叶霉病防治可用 50%速克灵 1 500 倍液或 80%代森锰锌可湿性粉剂 800 倍液，每 6～7 天 1 次，连续 2～3 次。

5. 萝卜栽培

（1）整地。7 月底 8 月初豇豆拉秧后应及时整地，整地前，每亩施腐熟有机肥 2 500 千克或商品有机肥 1 000 千克、过磷酸钙 30 千克，耕翻 30 厘米，耙碎搂平，做成宽 40 厘米、高 12 厘米的栽培畦。

（2）播种。黄淮地区一般 8 月 15～30 日播种，播种时可采用穴播或条播，条播时每畦播种 1 行，开沟撒播，穴播时每 25～27 厘米一穴，每穴播种 5～6 粒，每亩用种量 0.5 千克，然后覆细土 2 厘米。播种后及时顺沟浇水，以利全苗。

（3）间苗与定苗。萝卜全苗后应及时间苗，保证幼苗有一定的生长空间，以获得优质壮苗，但应当遵循"早间苗、分次间苗和晚定苗"的原则。第一次间苗要在第 1 片真叶展开时进行，首先拔除病虫危害苗、细弱苗、畸形苗和不具备本品种特征特性的混杂苗，同时尽量预留子叶展开方向与行向垂直、两片子叶大小一致的健壮苗。2～3 片真叶期进行第二次间苗，每穴留苗 2～3 株。破肚期进行定苗，每穴选留健壮株 1 株，苗间距 25 厘米左右。

（4）肥水管理。萝卜幼苗期需要的氮肥比磷、钾肥多，应以追施氮肥为主；中后期肉质根膨大，进入养分贮藏积累期，这时需要的磷、钾肥偏多，尤其是需要较多的钾肥。因此，要分期调整配方，看苗巧施肥。第一次追肥在萝卜破肚期进行，其施肥方法是结合浇水随水冲施。萝卜定苗后，结合中耕，每亩追施尿素 10 千克、硫酸钾复合肥 10 千克。第一次追肥后 15 天左右进行第二次追肥，每亩施尿素、硫酸钾和过磷酸钙各 10 千克。追肥时，切记施肥量不能过大，离根部不能太近，每次追肥后要及时浇水，以利养分吸收。

（5）病虫害防治。危害萝卜的主要害虫有菜螟、菜青虫和蚜虫。菜螟，又称钻心虫，主要在幼苗期为害心叶。预防菜螟注意两点：一是幼苗期间苗时剔除受害苗，并清除虫源；二是对1～2龄期幼虫采用20%氰戊菊酯乳油5 000～6 000倍液喷雾，或用2.5%溴氰菊酯2 000倍液、0.5%甲氨基阿维菌素苯甲酸盐乳油800～1 000倍液喷洒心叶，连续2～3次。菜青虫主要咬食叶片，尤以幼叶为主，食量较大，叶片受害后常表现出透明网状。预防菜青虫的方法和药物同菜螟基本相似，可与防治菜螟相结合进行综合防治。蚜虫是刺吸式害虫，在高温干旱天气发生严重，主要吸食植株汁液并造成叶片卷曲影响光合作用和萝卜的正常生长发育，可用20%蚜螨净3 000倍液或20%啶虫脒可溶性粉剂5 000倍液、2.5%溴氰菊酯2 000倍液叶面喷雾，不同药物单独交替使用，每7～10天1次，连续3～4次。

二、韭菜、辣椒、菠菜套种

韭菜喜湿耐阴，对光照要求不严；辣椒喜光耐热，植株较高。根据韭菜、辣椒的这些特性，选择韭菜与辣椒、菠菜间作套种，既可做到韭菜与辣椒的空间互补，又兼顾了韭菜、辣椒和菠菜的不同收获期。冬春收割韭菜，夏季收获辣椒，秋末冬初收获韭菜、菠菜，一年两种三收，省工高效。

1. 各品种种植收获时间 韭菜3月中下旬育苗，6月下旬移栽，9月、10月收割2茬，如扣小拱棚则不收割养根，10月中旬平茬，10月下旬至11月上旬扣膜，12月上中旬收割；辣椒12月中下旬育苗，4月中下旬定植，6月中旬收获，7月下旬8月上旬拉秧；菠菜9月上中旬播种，10月中下旬收获。

2. 品种选择 韭菜品种选择适合越冬保护地栽培、叶色较深、生长势强、辛辣味浓、高产优质的平丰6号、平丰8号、韭宝、航研998等。辣椒可选用金富801、美辣1号、墨秀大椒、平椒9199。菠菜可选抗病优质的东北园叶、辉腾、华菠1号、春不老菠菜、上海尖叶等品种。

3. 韭菜高产高效栽培技术 韭菜3月上旬苗床撒播育苗，每种植100平方米要选择育苗地30平方米，每平方米播种10克，播种前要用40℃的温水烫种30分钟，常温下浸种20～24小时，然后将种子捞出，沥去水分，置于20℃的温度条件下催芽2～3天，待有

50％种子钻尖露白时即可播种。

播种后，前期地温较低，可用地膜覆盖地表以增温保湿，韭菜苗出齐后即可揭去地膜。育苗前期要做到小水勤浇，保持地表湿润，并结合浇水追肥2次，每次每亩追施尿素5～8千克。育苗后期要适当控水蹲苗，保持苗床见干见湿，以控苗促壮，促进根系发育。除草是苗期管理的主要工作，杂草萌动前，每亩可用33％二甲戊灵乳油1 000倍液或50％扑草净1 000倍液封闭地表；杂草萌动后，防除禾本科杂草可用5％精喹禾灵乳油50～60毫升或12.5％高效氟吡甲禾灵乳油50～75毫升喷洒杂草叶面，对于阔叶类杂草以人工拔除为主。

到6月中下旬，韭菜长出5～6片叶时即可定植。定植时要选用前茬作物非葱非蒜地作为定植地。定植前，要先施足底肥，一般情况下每亩施腐熟优质有机肥5 000千克左右，氮、磷、钾复合肥50千克，深耕30厘米，耙碎搂平，然后做畦。韭菜畦宽1.8～2.0米，每畦间隔1米，春季定植辣椒，秋季种植菠菜，冬季作为韭菜保护地的操作道，一般以南北畦向为宜。同时，要将韭苗轻轻挖出，去除病残弱苗，起苗时宜随栽随起，保护好韭苗根叶，以利缓苗成活。韭菜定植方式可以采用行栽，亦可以采用穴栽，一般行距25～30厘米，穴栽时穴距15～20厘米，每丛栽种8～10棵，行栽时株距0.7厘米，南北行向为宜，可以用锄开沟，一般沟深7～8厘米。按穴距或株距摆苗后封土3～4厘米，以不埋住心叶为宜。定植后，要先顺行向轻踩一遍，然后及时浇定根水，浇第一遍水时，要小水轻浇，以防将苗冲走，10天以后，再浇一遍缓苗水，以后，随着气温的逐渐升高和光照的增强，韭菜进入高温歇伏期，这时，一般不需要追肥和浇水，但要注意降雨天气，大雨过后要及时排水防涝，以防淹死幼苗。

进入8月中旬以后，随着气温的变凉，韭菜进入一年中的第二次营养生长高峰期。从8月下旬开始，每10～15天浇水1次，结合浇水每次每亩追施充分腐熟人粪尿1 000千克，或复合肥20千克、尿素10千克。露地栽培时，9月上旬可收割第一茬鲜韭，韭菜收割后坚持"刀刀追肥"的原则，收割后2～3天追肥并浇水，及时补充养分，以提高下茬产量。9月底10月初可以收割第二茬，11月中旬可以收割第三茬，以后停止收割，每亩施腐熟有机肥5 000千克，并浇一遍封冻水，进入冬季养根阶段。越冬保护地栽培时，秋季一直不收割，但是要注意防止倒伏，及时去除下部老叶，促进通风透光，加强疫病防治，以防发病烂秧。

黄淮地区，10月下旬11月上旬，日平均气温降低到10℃以下，此时可以进行秋延后保护地栽培，可用长3米、宽3～4厘米的竹劈或长3米的竹竿作拱架，两拱竿间距80～100厘米，棚高70～80厘米，棚两端拱架各用一道斜杆支撑。棚膜可用厚0.06～0.08毫米的淡蓝色或淡紫色无滴膜。扣棚前，要沿地表处清除地上部枯叶杂草，然后用50%多菌灵600倍液喷洒地面及棚架灭菌。扣棚前期，气温地温较高，每天棚温达到25℃以上时要及时通风透气降温降湿。

扣棚后7～10天要预防韭菜灰霉病，每亩可用10%多氧霉素2 000倍液叶面喷洒或20%百菌清速克灵复合烟剂350克，于傍晚分多点用暗火点燃在棚内施放，闭棚一夜，第二天早上及时通风换气。当夜间棚内气温低于5℃时要及时加盖草苫或收割，并做到早晚及时揭盖草苫，具体揭盖时间可根据天气情况决定。前期晴暖天气，一般每天上午8时以前揭苫下午5时以后盖苫，后期寒冷天气，每天上午9时以后揭苫下午4时以前盖苫，雨雪天气要及时加盖防雨膜，并及时清除棚上积雪，以防压塌棚。11月底12月上中旬可以收割，收割后不撤棚膜，两头通风，2月上旬撤棚，以后要加强肥水管理，每亩施腐熟有机肥5 000千克，深锄，掩埋肥料，刮掉地面以上的韭菜，清出田外销毁，促进韭菜更新复壮，进行韭菜春季收割管理。

4. 辣椒栽培

（1）可以进行穴盘护根育苗，也可以直接在苗床地撒播育苗。①穴盘育苗。需用50孔或72孔的PS穴盘，1月上旬播种，4月上中旬定植。②撒播育苗。12月中下旬阳畦或小拱棚育苗，2月上中旬，辣椒苗达到3叶1心时进行营养钵分苗或营养土块分苗，苗龄达到100天左右、苗高达到15～18厘米、茎粗达到0.3～0.5厘米、90%的苗开始现蕾时即可进行移栽定植。

（2）整地。2月上旬韭菜拱棚撤掉以后，要及时将畦间人行操作道耕翻一遍，耕翻前要施足底肥，一般每亩施腐熟有机肥 5 000 千克左右，耙碎搂平，然后从中间开沟，沟宽 20 厘米，两侧两个辣椒畦均宽 40 厘米，畦高 10～15 厘米，每个小畦种 1 行辣椒，可露地栽培亦可地膜覆盖保护地栽培。

（3）移栽定植。黄淮地区一般 4 月上中旬移栽定植，株距 50厘米，每穴定植 1 株。前期地温较低，为了提高地温，可覆盖地膜。在栽苗刨坑时，不要把定植孔挖得过大，每棵苗栽完后，要及时封土，并将根部压实，以防浇水时幼苗倒伏，还要用细土将定植孔封严，否则，膜下热空气从定植孔逸出，极易灼伤幼苗，而且还会因盖膜不严，导致定植孔周围杂草丛生。定植结束后应及时浇水，以利缓苗。

（4）苗期管理。定植后 5～7 天，再浇一遍缓苗水，然后适当蹲苗 10～15 天。同时注意结果前应进行整枝打杈，及时将门椒以下的侧枝全部打掉。

（5）结果期管理。辣椒结果后，植株营养生长和生殖生长同步进行，养分、水分消耗较大，必须加强肥水管理。大部分植株门椒结果后结合浇水追肥 1 次，每亩追施复合肥 10 千克，门椒采收后再浇水追肥 1 次，每次追施复合肥 10～15 千克和尿素 5 千克，为了增强通风透光，要及时摘去下部的病叶、老黄叶，以改善通风透光条件。

（6）科学采收。当青果充分伸长、加粗、膨大，果皮光滑发亮时应及时采收。具体采收时间以每天 10 时以后或 17 时以前为宜，采摘时一手捏住果柄，一手护住果枝，并注意保护不要折断果枝。

（7）虫害防治。主要害虫有地老虎、蚜虫、棉铃虫和烟青虫等。地老虎昼伏夜出，幼苗定植后易咬断幼苗，可用 90% 敌百虫 50 倍液拌麸皮制成毒饵于 17 时以后撒在幼苗附近诱杀防治。蚜虫主要集中在嫩头及嫩叶背吸食汁液，可用 10% 蚜虱净 2 000 倍液或 10% 吡虫啉可湿性粉剂 2 000 倍液、1.8% 阿维菌素 2 000 倍液喷雾防治。棉铃虫和烟青虫是辣椒的主要害虫，在近果柄处咬成孔洞，钻入果内，蛀食果肉，引起腐烂，造成严重减产。其防治措施：一是及时清除被害果，减少虫源；二是采用黑光灯诱杀成虫；三是用 90% 敌百虫 800

倍液或 0.5％甲氨基阿维菌素苯甲酸盐乳油 800～1 000 倍液、5％氟虫腈胶悬剂 2 500 倍液从幼果期开始，每 7～10 天 1 次，连续 3～4 次，采收前 7 天停止用药。

（8）病害综合防治。主要病害有疫病、炭疽病、青枯病。①实行轮作，与非茄果类轮作间隔 3 年以上。②加强肥水管理，培育健壮植株，提高抗病性。③及时清除田间及周边杂草、枯叶、病叶，减少发病源。④合理密植，防止郁蔽，加强通风透光，降低空气湿度，控制发病条件。⑤发病初期采用化学防治。疫病可用 90％疫霜灵 500 倍液或 72％霜霉威 1 000 倍液、64％恶霜·锰锌 400 倍液叶面喷雾，每 5～7 天 1 次，连续 2～3 次。炭疽病可用 65％代森锌可湿性粉剂 500 倍液或 75％百菌清可湿性粉剂 600 倍液、30％醚菌酯可湿性粉剂 2 000 倍液喷洒叶面，每 5～7 天 1 次，连续 2～3 次。青枯病防治：发病初期可用 77％氢氧化铜 600 倍液或 50％氨络铜 800 倍液灌根，每棵 300 毫升，每 7～10 天 1 次，连续 3～4 次，个别病株发病时应及时拔除，并用生石灰消毒病穴。

5. 菠菜栽培

（1）整地。7 月底 8 月初辣椒拉秧后应及时整地。整地前，每亩施腐熟有机肥 2 000 千克、过磷酸钙 50 千克，耕翻 30 厘米，耙碎搂平，做成宽 100 厘米、高 12 厘米的栽培畦。

（2）播种。黄淮地区一般 9 月上中旬播种，播种时可采用撒播或条播，条播时每畦播种 4～5 行，开沟撒种，然后覆细土 2 厘米，撒播时，每平方米播种 5～6 克，每亩用种量 2～2.5 千克，撒种后用耙轻轻搂动表土，然后轻踩，播种后及时浇水，以利全苗。

（3）间苗与定苗。菠菜全苗后应及时间苗，保证幼苗有一定的生长空间，以获得优质壮苗，但应当遵循"早间苗、分次间苗和晚定苗"的原则，具体时间和次数应以天气情况、播种量和病虫危害程度来确定。第一次间苗要在第 1 片真叶展开时进行，首先拔除病虫危害苗、细弱苗、畸形苗和不具备本品种特征特性的混杂苗，定苗的苗间距 3～5 厘米。

（4）肥水管理。菠菜幼苗期需要的氮肥比磷、钾肥多，应以追施氮肥为主；中后期需要的磷、钾肥偏多，尤其是需要较多的钾肥，因此，要分期调配方，看苗巧施肥。第一次追肥在菠菜第 2 片真叶展开时进行，每亩施尿素 6～7 千克，其施肥方法是结合浇水随水冲施。第二次追肥在菠菜 4～5 叶期进行，菠菜定苗后，每亩追施尿素 20 千克，或顺水冲施腐熟稀人粪尿 1 000 千克。追肥时，切记施肥量不能过大，离根部不能太近，每次追肥后要及时浇水，以利养分及时吸收。

（5）病虫害防治。菠菜的主要害虫是蚜虫。蚜虫是刺吸式害虫，在干旱天气下发生严重，主要吸食植株汁液并造成叶片卷曲从而影响菠菜的光合作用和正常生长发育，降低商品品质。可用 20％的蚜螨净 3 000 倍液或用 10％吡虫啉可湿性粉剂 2 000 倍液、20％啶虫脒可溶性粉剂 5 000 倍液、2.5％溴氰菊酯 2 500 倍液叶面喷雾，不同药物单独交替使用，每 7～10 天 1 次，连续 3～4 次。菠菜的主要病害有霜霉病、炭疽病和病毒病，主要防治措施：一是选择抗病品种，如双城尖叶、上海尖叶等抗病品种；二是经常轮作倒茬，避免重茬；三是发现病株及时拔除，切除病源；四是加强田间肥水管理，提高作物抗病能力；五是化学防治。霜霉病发病初期每亩可用 58％甲霜灵可湿性粉剂 500 倍液，或用 40％疫霜灵可湿性粉剂 250 倍液、80％代森锰锌 800 倍液叶面喷雾，每 7～10 天 1 次，连续用药 2～3 次。炭疽病发病初期可用 50％多菌灵 600 倍液或 50％甲基硫菌灵可湿性粉剂 500 倍液、70％代森锰锌可湿性粉剂 500 倍液、30％醚菌酯可湿性粉剂 2 000 倍液叶面喷雾，每 7～10 天 1 次，连续用药 3～4 次，收获前 7～10 天停止用药。预防病毒病的主要措施是及时防治蚜虫，切断病毒病的传播途径。

三、韭菜、茄子套种

韭菜喜湿耐阴，对光照要求不严，根据这一特性，选择韭菜与茄子间作套种，既做到了韭菜与茄子的空间互补，又兼顾了韭菜和茄子的不同收获期。春秋冬季收割韭菜，夏秋季收获茄子。

1. 各品种种植收获时间 韭菜 3 月中下旬育苗，6 月下旬移栽，9 月、10 月收割 2 茬，如扣小拱棚则不收割养根至 10 月中旬平茬，10 月下旬至 11 月上旬扣膜，12 月上中旬收割；茄子 12 月中下旬育苗，4月中下旬定植，6月中旬收获，7月下旬8月上旬拉秧。

2. 品种选择 韭菜选择适合越冬保护地栽培、叶色较深、生长势强、辛辣味浓、高产优质的平丰8号、平丰7号、棚宝、韭宝、航研998和平丰22号等品种。茄子可选用平茄1号、平茄2号、糙青茄、布利塔等品种。

3. 韭菜栽培技术要点

（1）适时播种，培育壮苗。韭菜一年四季都可播种，但以春季3～4月播种为宜。要选平整肥沃的育苗地，每亩施腐熟有机肥5 000千克、复合肥30千克，然后深翻30厘米，耙碎搂平，做成长15米、宽1.5米的苗畦，浸种催芽，浇透水，待水渗下后均匀撒播，盖细土1厘米，覆膜保墒，以利全苗。育苗前期小水轻勤浇，保持畦面湿润，苗高10厘米时，每亩追施尿素5～10千克，以后15～20天追肥1次，连续追肥2～3次；育苗后期应控水蹲苗，促进根系发育，培育短粗壮苗。

（2）施足底肥，深耕细作，及时定植。早春育苗，6月中下旬定植。定植前每亩施腐熟优质有机肥5 000千克、复合肥50千克，深翻30厘米，耙碎坷垃搂平畦面，准备定植。

（3）合理密植。韭菜移栽时尽量做到随起苗随移栽，严禁大堆堆放，同时尽可能做到大小苗分开，淘汰病残弱苗。定植时可开沟行栽，行距25～30厘米，株距1厘米；亦可丛栽，行距25～30厘米，20厘米一丛，每丛8～10棵。露地栽培，一般每8～10行一畦，畦宽2～3米。拱棚扣韭，每棚宽1.5米或2.5米，每畦之间预留80～100厘米的操作带。

（4）加强肥水管理，促进养分积累。定植后及时浇缓苗水。7～10天以后再浇水1次，并随水冲施尿素每亩10～15千克。进入高温多雨季节要停止浇水、施肥，雨后及时排水，以防菜田积水。8月中旬以后，10～15天浇水1次，15～20天追施1次。每次每亩追施尿素和复合肥各10千克，连续追肥2～3次。

（5）扣棚及棚期管理。浅休眠品种，休眠期短，对扣棚的时间要求不严格，当日最低气温达到5℃以下时，北方地区一般10月上中旬，黄淮地区10月下旬11月上旬即可扣棚。扣棚前7～10天，亩施氮、磷、钾三元复合肥 30～50 千克，并浇一遍水。扣棚时要平茬清除地上枯叶杂草，再用 50％多菌灵 600 倍液地面喷洒灭菌。棚膜要用无滴膜。棚温高于 25 ℃时要及时通风降温降湿，低于 5 ℃时要及时加盖防冻草苫，每天及时揭盖草苫，确保通风透光。下雪时及时清除棚上积雪，以防压塌。

（6）防治病虫害。防治韭蛆，可用 40％辛硫磷 1 000 倍液灌根防治，冬季亦可采用扒开根际表土晾根冻虫防治办法。防治蓟马、潜叶蝇可用 2.5％溴氰菊酯 2 000 倍液，或用 6％乙基多杀菌素 1 000～1 500 倍液、1.8％阿维菌素 1 200 倍液喷雾防治。露地韭菜 4 月上中旬、10 月中下旬灰霉病发生初期，用 40％密霉胺悬乳剂 1 000 倍液，或 10％多氧霉素 1 000 倍液喷雾防治。夏季高温多雨季节，可于疫病发病初期用 64％恶霜·锰锌 400 倍液，或 90％疫霜灵 500 倍液、72％霜霉威 1 000 倍液叶面喷洒防治。

（7）科学收割，实现高产高效。韭菜露地栽培，春季萌发生长早，生长速度慢，3 月中旬可收割第一刀，以后一般 28～35 天收割 1 茬，春季收割 3～4 茬，全年可收割 6～7 茬，年每亩产鲜韭 10 000 千克以上；保护地栽培春季收割 2～3 茬，秋季 9 月收割 1 茬，10 月中旬收割 1 茬后施肥浇水，10 月下旬至 11 月上旬扣小拱棚，12 月上中旬可收割，年每亩产鲜韭 10 000 千克以上。同时注意收割时深浅要适当，刀口要平。割后 2～3 天及时追肥浇水。做到收割与养苗相结合，才能实现高产高效。

4. 茄子丰产栽培技术要点　韭菜秋延后保护地栽培，在韭菜撤棚后进行养根壮秧的同时，将韭菜畦间的操作道耕翻后可进行茄子早春地膜覆盖栽培，其主要栽培技术要点如下。

（1）培育壮苗。茄子早春地膜覆盖栽培，在黄淮地区，一般 4 月上中旬定植为宜。并且要求以健壮的大苗定植较好，因此，要求茄苗要有 100～110 天的苗龄，茄子播种时间以 1 月上旬为宜。采用日光温室加小拱棚进行保护地育苗，也可用日光温室加小拱棚穴盘育苗。茄子育苗分以下几步进行。

① 浸种。浸种前首先选择色泽鲜艳、颗粒饱满、生活力强的种子，去掉杂质、瘪子，根据栽培面积的大小选取足量的种子，一般每

亩用种量 30～50 克，先晾晒 1～2 天，用 55 ℃的温水烫种 10～15 分钟，边烫种边搅拌，待水温降至 30 ℃时停止搅拌，在 30 ℃的温水中浸种 8～9 小时，沥净水分后用 1 000 倍高锰酸钾溶液浸种 20 分钟杀菌，反复搓洗 3～4 遍，洗去种子表面的黏膜，沥去水分进行催芽。

② 催芽。把浸好洗净的茄子种子用干毛巾擦干种皮表面的水分，把种子均匀摊到湿布上或装到干净透气的布袋内，在 28～30 ℃的温度和湿润透气的条件下催芽，每天要把种子拿出来用清水冲洗一遍，甩去水分，并轻轻翻动种子，以增强种子的透气性，保证种子的各部位受热透气均匀一致。在适宜的温度条件下催芽 6～7 天，有 50％的种子钻尖露白时即可播种。

③ 播种。苗床播种量 5～8 克/米^2，定植 1 亩地需要苗床 10 米^2，用配方营养土育苗，其配方比例为优质田土 4 份、过筛土杂有机肥 6 份、掺腐熟干鸡粪 10～15 千克/米^3、草木灰 5 千克/米^3、多菌灵 200～300 克/米^3、敌百虫 75～100 克/米^3，按比例配好填入苗床搂平踏实，将苗床浇透水，待水完全渗下后先撒一层 0.3 厘米厚的营养土，然后将种子均匀撒下，之后再均匀盖一层 1～1.5 厘米厚的营养土，然后用地膜覆盖，并将四周压严以增温保湿，出苗前应保持白天棚温 35 ℃左右，夜间棚温 20～25 ℃，播种 5～7 天待有 70％以上的茄苗出土后及时揭去地膜，或者使用商品基质穴盘育苗。

④ 分苗。当茄苗长到 2 叶 1 心时应及时分苗，分苗时可以采用营养土块分苗、纸钵分苗和营养钵等多种方法。分苗后要确保每棵幼苗有 10 厘米的营养生长面积，营养土配方与育苗时的营养土配方基本相同。分苗后的前 5 天不通风或少量通风并给予较高的温度，一般白天温度控制在 30～35 ℃，夜温保持在 17～19 ℃，缓苗 5 天以后当心叶开始生长时要适当降低温度，白天温度控制在 30～33 ℃，夜温保持在 15～17 ℃，同时要增加通风量，每次浇水后应在表层撒些干土，以增温保墒。

⑤ 苗期管理。茄子苗期管理总的原则是：苗期管理控温不控水，分苗补 3 次水，叶肥茎粗带花蕾。分苗时 1 次压根水，分苗缓苗后要

保持营养钵内见干见湿，以促进根系的生长；4 叶 1 心时 1 次促苗水，以加快植株个体发育；而后进入炼苗期，炼苗前浇 1 次促蕾水，以促进花蕾的分化和发育。

（2）施肥整地。拱棚韭菜撤棚以后，要及时将畦间人行操作道耕翻一遍，耕翻前要施足底肥，一般每亩施腐熟优质有机肥 5 000 千克左右或商品有机肥 2 000 千克和复合肥 50 千克，耙碎搂平。然后从中间开沟，沟宽 20 厘米，两侧 2 个茄子畦宽 40 厘米，畦高 10～15 厘米，每个小畦种 1 行茄子，可露地栽培也可地膜覆盖栽培。

（3）移栽定植。黄淮地区一般 4 月中下旬移栽定植，株距 70 厘米，每穴定植 1 株，三角定苗。前期地温较低，为了提高地温，可采用地膜覆盖。在栽苗挖坑时，不要把定植孔挖得过大，每棵苗栽完后，要及时封土，并将根部压实，以防浇水时幼苗倒伏，还要用细土将定植孔封严，否则，膜下热空气从定植孔溢出，极易灼伤幼苗，而且还会因盖膜不严，导致定植孔周围杂草丛生。定植结束后应及时浇水，以利缓苗。

（4）整枝打杈。茄子定植缓苗后要进行整枝打杈，及时将门茄以下的所有萌芽除掉，以提高门茄的坐果率，四门斗茄现蕾后可及时打顶摘心，以减少营养生长的养分消耗，提高养分利用率。

（5）肥水管理。早春地膜覆盖的茄子，要依据茄子生长发育的不同阶段及时进行浇水追肥。茄子幼果进入"瞪眼"期，幼果的膨大速度加快，生殖生长所需养分增加，同时，还要进行营养生长，生殖生长和营养生长的养分需求矛盾日益突出，这时是肥水需求的关键时期。因此，必须在门茄、对茄和四门斗茄的 3 个"瞪眼"期分别进行 3 次施肥和浇水，每次每亩追施复合肥 20 千克加尿素 10 千克，追肥后及时浇水。

（6）促花保果。早春地膜茄子栽培，门茄开花坐果时外界温度还比较低，受精不良时会造成落花落果，这时可以使用外源激素处理提高坐果率。具体使用方法是：在开花前后 2 天，用浓度为 20～30 毫升/千克的 2,4-滴（化学名称 2,4-二氯苯氧乙酸），或浓度为 50～60 毫克/千克的防落素（化学名称对氯苯氧乙酸钠）点抹花柄处。需要注意的是，在气温高于 33 ℃或低于 13 ℃时不要使用外源激素，以防出现畸形果。

（7）病害防治。绵疫病、褐纹病、黄萎病和炭疽病等是茄子的主要病害。

① 绵疫病是茄子的常见病害，可危害果实、叶片和茄花。果实发病初期有水渍状圆形小斑点，逐渐扩大成凹陷的黄褐色或暗褐色大斑，最后危及整个果实，果实开始收缩，质地变软，表皮出现皱纹。在较高的湿度条件下，病斑上产生一层白色絮状菌丝，内部果肉变褐腐烂。叶片受害，产生水渍状近圆形褐色病斑，并有明显的轮纹，潮湿时病斑发展很快，边缘不齐，空气干燥时，扩展较慢，边缘不明显，且易干枯破裂。茄花受害，呈水渍状褐色湿腐，并可继续蔓延到茎秆上，使嫩茎腐烂呈褐色，病斑以上部分缢缩凋萎而枯死。绵疫病的防治措施：一是选用抗病品种，如洛阳糙青茄等；二是实行轮作倒茬；三是及时整枝打杈，促进通风透光，采用膜下浇水，降低空气湿度，加强肥水管理，增强植株抗性；四是及时清除病果、病叶，减少发病病源；五是化学防治，可用 25％嘧菌酯悬浮剂 1 500 倍液或 58％甲霜·锰锌可湿性粉剂 500～600 倍液、72％霜脲·锰锌可湿性粉剂 600～700 倍液、70％甲基硫菌灵可湿性粉剂 800 倍液喷洒发病部位，每 5～7 天 1 次，连续 2～3 次。

② 褐纹病，从幼苗期就可对茄子造成危害，可危害茄子的茎、叶片和果实。果实受害初期呈黄褐色稍凹陷的圆形或椭圆形病斑，后变成黑褐色，病斑呈同心轮纹状，并在同心轮纹上着生小黑点，病果脱落后在地面呈软腐状或悬挂在枝条上呈干缩僵果，病果中的种子呈灰白色，瘪而无光泽；叶片受害，多先从下部老叶开始，发病初期病斑呈水渍状褐色或灰褐色近圆形病斑，后期呈不规则但边缘清晰的黑褐色大病斑，斑块中央呈灰色或灰白色，其上有同心轮纹状的小黑点。茎的任何部位都可受害，初期为褐色水渍状纺锤形病斑，随着病斑的扩大，边缘褐色，中央灰白凹陷呈干腐状斑并伴有黑色小粒点，病部的韧皮部干腐开裂，露出木质部，遇风易折断，病斑在茎基部时，病斑绕茎一周，整株病死。主要防治措施：一是选用抗病品种；二是采用与非茄科类作物

轮作倒茬；三是严格种子消毒，育苗时采用晒种、烫种和药物浸种等消毒措施；四是化学防治，发病初期可用90％三乙膦酸铝500倍液，或用64％杀毒矾400倍液、75％百菌清600倍液、65％代森锌可湿性粉剂500倍液喷洒病部，每7～10天1次，连续用药2～3次即可。

③ 黄萎病也是茄子的一种主要病害，且危害较大，一旦发病会减产20％左右。这种病主要从结果初期开始发病，一般是门茄或对茄坐果后开始表现出症状，首先是叶尖或近叶尖边缘处的叶脉间褪绿变黄逐渐发展为整个叶片变黄，前期晴天的中午或天气干燥时萎蔫，阴雨天或夜间恢复正常，后期叶脉间的褪绿部分呈黄色枯斑，严重时整株叶片干枯脱落，植株矮小，株形不舒展，解剖根、茎、分枝及叶柄的皮层可见维管束变为黄褐色或棕褐色，病株果实变小，质地坚硬，长茄果实发病后多弯曲。主要预防措施：选用抗病品种，营养钵护根育苗，采用抗病砧木嫁接，搞好轮作倒茬，加强肥水管理，合理控制负载，增强植株的抗病能力。化学防治：中耕时每亩可用50％多菌灵3千克均匀撒施进行土壤消毒，定植时可用50％多菌灵可湿性粉剂800倍液或50％甲基硫菌灵500倍液、50％异菌脲1 000倍液灌根，每棵用量300毫升。

④ 炭疽病是茄子的常见病，在全国各地均有发生，主要危害果实和叶片。果实感病后初期呈近圆形的小黑斑，稍凹陷，病斑逐渐变为黑褐色，有黑色小点并溢出褐红色黏稠物质，扩大后的病斑呈同心轮纹状，多雨潮湿时病果腐烂脱落。叶片受害多先从下部老叶开始发病，初期为水渍状褪绿斑，之后扩大为黑褐色，随着病斑的扩大，中央呈灰白色，最后导致病叶脱落。预防炭疽病措施：一是选用优良的抗病品种；二是加强肥水管理，提高茄子的抗病能力；三是定植时合理密植，防止郁蔽，促进通风透光，降低空气湿度；四是及时进行化学防治，发病初期可用70％甲基硫菌灵可湿性粉剂600倍液或30％醚菌酯可湿性粉剂2 000倍液喷雾防治，每5～7天1次，连续2～3次。

（8）虫害防治。蚜虫、红蜘蛛、茶黄螨和七星瓢虫是危害茄子的主要害虫。防治虫害，首先清除田边、地头的枯叶杂草，其次是及时喷洒农药。防治蚜虫、红蜘蛛和茶黄螨可用20%蚜螨净2 000倍液或18%阿维菌素2 500倍液、20%哒螨灵可湿性粉剂3 000倍液。预防七星瓢虫，可用0.5%甲氨基阿维菌素苯甲酸盐乳油800～1 000倍液或25%溴氰菊酯2 500倍液、5%三氟氯氰菊酯2 000倍液喷雾防治，每7～10天1次，1～2次即可防治。

四、韭菜、莴笋和秋甘蓝套种

韭菜露地栽培时，在黄淮地区，休眠品种一般每年10月中下旬，抗寒品种11月上中旬开始进入休眠期，直到翌年2月上中旬才能开始萌动生长。同时，韭菜又是喜湿耐阴蔬菜，对光照要求不严，根据韭菜的这一特性，选择韭菜与莴笋、甘蓝间作套种，既做到了韭菜与间作物的空间互补，一年两种三收，省工高效，提高了复种指数，增加了单位面积土地上的经济效益。

1. 各品种种植收获时间 韭菜3月中下旬育苗，6月下旬移栽，9月、10月收割2茬，如扣小拱棚则不收割养根至10月中旬平茬，10月下旬至11月上旬扣膜，12月上中旬收割；莴笋2—3月育苗，3—4月定植，5—6月收获，莴笋秋季9月中下旬育苗；甘蓝春季4月下旬至5月上旬育苗，秋季7月下旬育苗，8月移栽，10月收获。

2. 品种选择 韭菜选择适合露地栽培、叶色较深、生长势强、辛辣味浓、高产优质的平丰1号、豫韭菜一号、韭宝、航研998等品种。莴笋可选用一点红莴笋、柳叶笋、青莴笋、上海尖叶和大皱叶等品种。甘蓝可选种耐热抗病的中甘8号、夏光、京丰1号、晚丰甘蓝和秋丰甘蓝中晚熟品种。

3. 韭菜高产高效栽培技术 韭菜3月上旬苗床撒播育苗，每种植100米^{2}要选择育苗地30米^2，苗床每平方米播种10克。播种前要用40 ℃的温水浸种20小时，然后将种子捞出，沥去水分，置于20～25 ℃的温度条件下催芽，待有50%种子芽尖露白时即可播种。播种前期地温较低，可用地膜覆盖以增温保湿，韭菜苗出齐后即可揭去地膜。育苗前期要做到小水勤浇，保持地表湿润，并结合浇水追肥2次，每次每亩追施尿素5～8千克；育苗后期要适当控水蹲苗，保持苗床见干见湿，以控苗促壮，促进根系发育。

　　6月中下旬，韭菜苗长出5～6片叶时即可定植。定植时要选用前茬作物非葱非蒜地作为定植地。定植前，要先施足底肥，一般情况下每亩施腐熟优质有机肥5 000千克左右或商品有机肥2 000千克，氮、磷、钾复合肥50千克，深耕30厘米，耙碎搂平，然后作畦。一般以南北畦向为宜，韭菜畦宽2.5米左右，8～10行一畦，两畦间隔畦埂宽0.5米，冬春季套种莴笋，秋季套种甘蓝。韭菜起苗时，要将苗轻轻挖出，去除病残弱苗，宜随栽随起，保护好韭苗根叶，以利成活缓苗。韭菜定植方式可以采用行栽，亦可以采用挖穴丛栽，一般行距25～30厘米，穴栽时穴距15～20厘米，每丛8～10株。行栽时株距1厘米，南北行向为宜，可以用锄开沟，一般沟深7～8厘米，按穴距或株距摆苗后封土3～4厘米，以不埋住心叶为宜。定植后，要先顺行向轻踩一遍，然后及时浇定根水。浇第一遍水时，要小水轻浇，以防冲走幼苗，5～7天之后，再浇一遍缓苗水。随着气温的逐渐升高和光照的日益增强，韭菜进入高温歇伏期，这时一般不需要追肥和浇水，但要注意大雨过后应及时排水防涝，以防将苗淹死。

　　进入8月中旬以后，随着气温变凉，韭菜进入一年中的第二次营养生长高峰期。从8月下旬开始，每7～10天浇水1次，结合浇水每15～20天追肥1次，每次追施充分腐熟人粪尿1 000千克，或复合肥20千克加尿素10千克。露地栽培时，9月上旬可收割第一茬鲜韭，韭菜收割后坚持"刀刀追肥"的原则，收割后2～3天追肥并浇水，及时补充养分，以提高下茬产量。9月底10月初可以收割第二茬，11月上旬可以收割第三茬，以后停止收割。12月上旬每亩施腐熟有机肥10 000千克，并浇一遍封冻水，老韭菜田结合浇水冲施辛硫磷防治韭蛆，之后进入冬季养根阶段。

　　韭菜露地栽培时，在中原地区，种植一次可以收获3～4年，从第二年起，一般春季收割3～4茬（3月上中旬收割第一茬，4月上中旬收割第二茬，5月上旬收割第三茬，5月底6月初收割第四茬），夏季高温天气，韭菜进入高温歇伏期，韭菜生长慢，粗纤维多，品质差，所以，一般6月中旬至8月上旬这段时间不收割，立秋以后,随着气温的变凉,韭菜进入一年中的第二次营养生长高峰期,秋季加强肥水管理的同时,可以再收割2～3茬(8月上旬将越夏老韭菜从地表处平茬,这茬韭菜剥去外部老叶亦可上市和食用,8月下旬收割第一茬,9月下旬收割第二茬,10月下旬至11月上旬收割第三茬)。但要注意以下几点:一是夏季要注意防止倒伏,及时去除下部老叶,促进通风透光,加强疫病防治,以防发病烂秧。疫病是韭菜夏季高温高湿条件下的主要病害,发病前可用70%的代森锰锌可湿性粉剂800倍液喷雾预防,每10～15天用药1次。发病初期可用90%的三乙膦酸铝可湿性粉剂500倍液或用72%的霜霉威水剂1 200倍液喷雾防治,每7～10天用药1次,连续用药2～3次。

黄淮地区,10月下旬至翌年4月下旬低温高湿是露地韭菜灰霉病的高发期,尤其是在连续阴雨和大雾天气极易发生韭菜灰霉病。预防韭菜灰霉病,发病初期可用10%多氧霉素2 000倍液或用50%腐霉利800倍液叶面喷洒,5～7天喷1次,连续2～3次即可防治。韭蛆是韭菜露地栽培时的主要害虫。预防韭蛆应以防治成虫效果最佳。首先要做好虫情测报,早春3月上中旬、4月中下旬和9月上中旬是韭菜成虫的盛发期,可用2.5%溴氰菊酯2 000倍液加10%吡虫啉2 000倍液叶面喷雾,于成虫盛发初期防治,5～7天用药1次,每茬用药1～2次。幼虫发生初期,可用40%辛硫磷乳油1 000倍液灌根即可防治。

4. 莴笋的栽培技术

(1)育苗。黄淮以南,莴笋能够露地越冬,9月中下旬播种育苗,也可春季2—3月育苗。韭菜地间作套种莴笋,每个畦埂上只能种植一行,每亩地可以间套1 000株左右,育苗时需要种子5～7克,需要育苗苗床10～15米^2。育苗时要采用营养土配方育苗,营养土可按腐熟有机肥和优质园土1:1的比例配制,然后过筛掺匀,填入苗床,搂平压实,先浇透底水,待水完全渗下后,均匀撒种,然后覆盖一层厚1厘米的过筛细土,最后用地膜覆盖并将四周压严,以利保墒。播种前,要对种子进行浸种催芽,先将种子放在52℃的温水中浸种20分钟,同时要不停地进行搅拌,待水温降到30℃以下时停止搅拌，继续浸种 6 小时，去除瘪籽，捞出种子沥除种子表面水分后用透气的干净湿棉布包住，置于 17～25 ℃的条件下催芽。催芽 2～3 天待有 30%～50%的种子露白时即可播种。

（2）间苗分苗。当幼苗长出 2 片真叶时，及时将并生苗和过稠苗拔去一部分，为幼苗生长提供足够的生长发育空间。当幼苗长到 3～4 片叶时，即可进行分苗。稀播苗床只要适当间苗，确保幼苗足够的生长空间，不进行分苗亦可。分苗时可以分到 8 厘米的营养钵袋中亦可分到 10 厘米见方的营养土块上，幼苗挖出时尽量带些土，分苗时先挖坑浇水，将苗放入后用土将坑封平。分苗后的前 2 天，应将温度控制在 20～25 ℃，以利生根缓苗，当新叶开始生长后，要及时降低温度。莴笋苗期温度不能过高，一般控制在 15～20 ℃，当苗床温度过高时要进行放风降温，但通风降温时不能操之过急，切记不能出现冷风伤苗，夜间温度 5～10 ℃为宜，当温度低于 5 ℃时要适当保暖防寒。当幼苗长出 6～7 片叶时即可定植。定植前 5～8 天要加大通风降温，充分进行炼苗，以提高幼苗的抗寒能力。

（3）整地。莴笋定植前应先施肥整地，可结合韭菜田间冬季施肥每亩施腐熟有机肥 5 000 千克，然后将要定植莴笋的地深翻 30 厘米，并整碎坷垃搂平地面，以待定植。

（4）移栽定植。

①选准定植时期。具体的定植时间要根据各地的具体情况灵活掌握。露地可以安全越冬的地区要尽可能在冬前定植，使根系发育良好，翌年返青后较快恢复生长，可早生长、早上市。但是如果育苗较晚，苗较小、瘦弱且质量差，若冬前定植，定植后根系还没有发育缓苗，土壤就开始冻结，会造成大量的死苗现象，出现这种情况时应在早春定植。另外，为了避免大批量同时上市，可适当调整上市时间，亦可分期分批定植。此外在冬季不能安全越冬的地区，必须在春季定植时，应在早春土壤解冻后立即定植。总之，要根据苗情、行情和地区天气情况适时定植。②掌握正确的定植技术。首先，定植应选择在晴暖的天气进行，天气好，地温气温较高，有利于定植后的根系生长和缓苗，最好选择阴天尾晴天头进行。其次，起苗时要尽量带大土

坨，保留完整根系，移栽时少伤根，缓苗快。③定植密度要合理。韭菜畦埂间作，每个畦埂定植 1 行，株距 30～35 厘米。④定植深度要适当。定植的深度应根据苗大小和定植时期灵活确定，苗大可适当深些，苗小应浅些，冬栽时应比春栽时适当深些，但总的原则是以不埋住心叶为宜。⑤定植时应适量浇水。定植时及时浇水有利于根系与土壤的密切接触，可以促进加速缓苗。但是，冬季气温较低，生长量小，水分消耗量亦小，因此，定植时应浇小水，如果浇水过大，低温高湿容易导致沤根死苗。

（5）肥水管理。定植后的肥水管理应根据不同的定植时期采取不同的肥水管理措施。冬前定植的应适量肥水，及时中耕促成发达的根系和健壮的叶簇，确保安全越冬。

初冬定植的莴笋，这时气温地温都比较低，栽苗后不需要大量浇水，以免继续降低温度，反而延迟缓苗。如果是趁墒定植，定植时土壤墒情很好，定植后可以不浇水，使幼苗在土壤温度、湿度和透气性良好的条件下尽快缓苗和生长。定植缓苗后，可轻浇一次小水，并结合浇水每亩追施尿素 20 千克，以促进叶片数的增加和叶面积的扩大，然后及时中耕，控制浇水，进行蹲苗，促进莴笋形成发达的根系和短缩茎的加粗生长。冬前浇水过大，容易导致苗徒长，叶片细胞中的可溶性固形物减少，抗寒性降低，容易受冻，且来年春季返青后莴笋茎又细又长，降低商品价值。早春返青后地上部生长速度明显加快，这时千万不要急于浇水，前期要以中耕保墒提高地温为主要管理目标，促使叶面积继续扩大，叶片变厚，叶色变深，促进叶片内光合有机物质的快速积累，这是莴笋茎加粗生长的关键。当植株的叶片得到充分生长，茎部开始迅速膨大时，应及时浇水，并结合浇水追肥 1 次，每亩追施尿素 30 千克加硫酸钾 15 千克，以后 7～10 天浇水 1 次，15～20 天追肥 1 次，连续浇水 3～4 次，连续追肥 2 次，采收前一周停止追肥浇水。

春季定植的莴笋，应根据不同的天气情况采用不同的定植管理方法。如果定植时天气晴暖温度稳定升高，且土壤湿度较低，可以采用挖坑栽苗浇水的方法，缓苗后及时中耕松土；反之，如果定植时气温较低，可以采用挖坑点水放苗封土的方法，待天气晴暖后再浇一遍小水，然后中耕松土。生长前期仍以中耕保墒、提高地温为主，促根促壮，促进叶片数的增加和短缩茎的加粗生长，以防莴笋徒长猛蹿，造成肉质茎细长而降低商品价值。后期加强肥水管理，确保莴笋快速膨大时的肥水所需，以提高产量和效益。

（6）采收。莴笋肉质茎长到一定大小后要及时采收上市。采收时可以先选择大株分期采收，采收以上午为宜，肉质茎鲜嫩耐贮。

（7）病害防治。

① 霜霉病是莴笋的主要病害。幼苗和成株都可以发病，主要危害叶片，植株下部的叶片首先受害，逐渐向上蔓延，土壤湿度过大和天气多雨多雾是该病的主要发病条件。发病初期叶片上产生淡黄色近圆形或多角形的病斑，气候潮湿时，叶背面的病斑上长出白色的霉层，后期病斑枯死变成黄褐色，严重时病斑连成片致使下部大部分叶片枯死。预防霜霉病，一是选择抗病品种，如南京白皮香、南京青皮臭、成都尖叶子和陕西尖叶紫笋等。二是轮作倒茬。三是育苗时温水烫种，用 50 ℃的温水烫种 30 分钟，并不断搅拌，降温到 30 ℃以下时停止搅拌。四是定植时加强幼苗筛选，淘汰病残弱苗。五是药剂防治。发病初期，可用 58% 乙霉威可湿性粉剂 500 倍液或用 90% 三乙磷酸铝可湿性粉剂 500 倍液、64% 恶霜·锰锌 400 倍液叶面喷雾，7～10 天喷 1 次，连续 2～3 次即可防治。

② 灰霉病也是莴笋的主要病害之一，苗期和成株期都可以受害。灰霉病的危害多从近地面的老叶叶尖开始发病，最初叶片尖端出现淡褐色水渍状病斑，逐渐向下蔓延，在早春连续阴雨和多雾的天气发病严重，随着病斑的扩大，叶片呈褐色，病叶基部呈红褐色并出现灰褐色或灰绿色的霉层，病株茎的基部受害后出现褐色软腐，导致上部的茎叶枯萎坏死。主要防治措施是：一是选用抗病品种。二是采用配方施肥，并适当多施磷钾肥，控制氮肥，前期强化中耕，促根促壮，防止徒长，合理密植，改善通风透光条件，培养健壮植株，提高抗病能力。三是低温天气不灌水，遇上阴雨天、多雾天，可以喷洒 50% 多菌灵 600 倍液提前预防。四是清洁田园，减少田间病源。发病初期及

时拔除田间中心病株、病叶，集中深埋或烧毁，减少发病病源。五是化学防治。发病初期可每亩用10％多氧霉素2 500倍液或用50％腐霉利1 000倍液、70％甲基硫菌灵可湿性粉剂700倍液喷洒叶面，7～10天1次，连续3～4次。

5. 甘蓝栽培

（1）整地。5月下旬至6月上旬莴笋采收后应及时整地，整地前，每亩施腐熟有机肥2 500千克、过磷酸钙30千克，耕翻30厘米，耙碎搂平，做成宽50厘米、高12厘米的栽培畦，每个小畦种1行甘蓝，穴距50厘米。

（2）播种育苗。可大田直播亦可育苗移栽。黄淮地区一般4月下旬到5月上旬播种，或秋季7月下旬育苗，播种时可采用营养盘育苗，每穴播2粒，每亩播种量20克，以利全苗。

（3）间苗与定苗。甘蓝全苗后应及时间苗，保证幼苗有一定的生长空间，以获得优质壮苗，但应当早间苗、分次间苗，具体间苗时间和次数应以天气情况、播种量和病虫危害程度来确定。第一次间苗要在第1片真叶展开时进行，首先拔除病虫危害苗、细弱苗、畸形苗和不具备本品种特征特性的混杂苗，同时尽量预留子叶展开方向与行向垂直且2片子叶大小一致的健壮苗。

（4）肥水管理。甘蓝幼苗期需要的氮肥比磷、钾肥多，应以追施氮肥为主；中后期叶球膨大期进入养分贮藏积累期，这时需要的磷、钾肥偏多，尤其是需要较多的钾肥，因此，要分期调配方，看苗巧施肥。第一次追肥在甘蓝缓苗后进行，每亩施尿素6～7千克，其施肥方法是结合浇水随水冲施。第二次追肥在甘蓝莲座期进行，甘蓝定苗后，结合中耕，每亩追施尿素10千克，氮、磷、钾复合肥10千克或顺水冲施腐熟稀人粪尿1 000千克。第二次追肥后15天左右进行第三次追肥，亩施尿素、硫酸钾和过磷酸钙各10千克。追肥时，切记施肥量不能过大，施肥位置距离根部不能太近，每次追肥后要及时浇水，以利养分及时吸收。

（5）病虫害防治。甘蓝的主要害虫有菜螟、菜青虫和蚜虫。菜螟，又称钻心虫，主要在幼苗期钻食心叶，预防菜螟注意两点：一是幼苗期间剔除受害苗，并清除虫源；二是对1～2龄期幼虫采用

25％氯氰菊酯乳油 3 000 倍液或 2.5％溴氰菊酯 2 000 倍液喷洒心叶，每7～10天 1 次，连续2～3 次。菜青虫主要咬食叶片，尤以幼叶为主，食量较大，叶片受害后常表现出透明网状，预防菜青虫的方法和药物同菜螟基本相似，可与防治菜螟相结合进行综合防治。蚜虫是刺吸式害虫，在高温干旱天气发生严重，主要吸食植株汁液并造成叶片卷曲影响甘蓝的正常生长发育，可用 20％阿维·哒螨灵 3 000 倍液或 50％抗蚜威 3 000 倍液、2.5％溴氰菊酯 2 500 倍液叶面喷雾，不同药物单独交替使用，7～10 天喷 1 次，连续3～4 次。

第二节　小拱棚栽培关键技术

　　韭菜抗寒性较强，当气温达到 3 ℃以上时就可以缓慢生长，10 ℃左右就可以进行正常生产，且较耐弱光。它不像其他大多数蔬菜作物对环境条件有着相当严格的要求，在我国的大多数地区利用小拱棚均可进行生产。利用小拱棚进行韭菜反季节生产，在黄河以南的绝大多数地区可以进行周年生产供应，既可以进行秋延后栽培、越冬保护地栽培，又可以进行早春覆盖栽培。小拱棚不仅有良好的增温、透光效果，而且有保水增湿的作用，生产投资少，机动灵活，便于韭菜的倒茬和轮作。下面重点介绍秋延后小拱棚韭菜生产技术和春提前小拱棚韭菜生产技术。

一、秋延后小拱棚韭菜生产技术

　　秋延后生产是在韭菜秋季收割的基础上，延长收割时间，加强养根壮秧，在低温霜冻来临之前，采用塑料薄膜或其他材料进行覆盖，使蔬菜免受冻害，在中南部露地韭菜已经回秧、中北部保护地韭菜尚未上市的时间段供应市场，有较好的经济效益，且可以实现蔬菜产品的均衡供应。

　　1. 品种选择　秋冬季节小拱棚生产青韭，应选择生长势强、生长速度快、叶片宽大肥厚、个体发育优良、单株较重、冬季不休眠、抗寒性强的韭菜品种，如平丰 9 号、平丰 8 号、平丰 6 号、平韭

4号、赛松、韭宝、棚宝和航研998等。

2. 育苗与播种　韭菜秋延后小拱棚栽培可大田直播，亦可育苗移栽。黄淮地区3月上中旬即可播种，北方地区3月下旬至4月上旬播种。育苗移栽用的种子先用40℃温水浸种20～24小时，除去秕籽和杂质，将种子上的黏液洗净。然后控去水分，用干净的湿棉布包好，放到20～25℃的地方催芽3～4天，每天用清水冲洗1～2次，种子不要堆放过厚，每天翻动1～2次，有50%种子露白即可播种。采用撒播的方式进行播种，播种量8～10克/米²，播种后用细碎潮土覆盖1厘米左右，然后每亩用33%二甲戊灵乳油150～200毫升均匀喷洒畦面，防治杂草。最后覆盖地膜增温保墒，以利出苗。待70%秧苗出土时，即可揭开地膜，以后保持苗床见干见湿，视秧苗的生长情况进行追肥浇水。当韭菜苗龄达到80～100天、长出5～6片叶、株高20～25厘米、叶鞘粗0.3～0.4厘米时，即可移栽。

大田直播根据扣小拱棚宽度打畦，行距25～30厘米，每亩播种量1.5～2.0千克，用播种机直接开沟、播种、覆土，播后及时浇水，浇水后2～3天每亩喷施33%二甲戊灵乳油150～200毫升防治杂草。播种前期地温较低，可用地膜覆盖以增温保湿，韭菜苗出齐后即可揭去地膜。

3. 整地施肥　移栽前，要先施足底肥，一般情况下每亩施腐熟优质农家肥3 000～5 000千克，氮、磷、钾复合肥50千克，深耕30厘米，除去多年生宿根杂草，耙碎搂平，然后做平畦。畦面宽1.5～1.6米或2.5～2.6米，畦埂宽80厘米，以南北畦向为宜。宜选用pH在7.5以下的沙质土壤，直播或移栽定植前耕翻土地，结合施肥，耕后细耙，整平作畦。

4. 移栽定植　到6月中下旬，先将韭菜苗轻轻挖出，掰去土将苗按大小分级，去除病残弱苗，起苗时要随栽随起，保护好韭菜根叶，以利成活缓苗。韭菜定植方式可以采用行栽，亦可以采用穴栽，一般行距20～25厘米。穴栽时穴距10～15厘米，每丛6～8株。行栽时株距1.0厘米，南北行向为宜，可以用锄开沟，一般沟深7～8厘米。按穴距或株距摆苗后封土3～4厘米，以不埋住心叶为宜。

5. 定植后管理 定植后，要先顺行向轻踩一遍，然后及时浇定根水。浇第一遍水时，要小水轻浇，以防将苗冲走，7～10 天以后，再浇一遍缓苗水。随着气温的逐渐升高和光照的日益增强，可以用遮阳网适当进行遮光降温。7 月至 8 月韭菜进入高温歇伏期，一般不需要追肥和浇水，但要注意降雨天气，大雨过后要及时排水防涝，以防将苗淹死。进入 8 月下旬以后，随着气温变凉，韭菜进入一年中的第二次营养生长高峰期。从 8 月中旬开始，每 15～20 天浇水 1 次，结合浇水每次追施充分腐熟人粪尿 1 000 千克，或复合肥 20 千克加尿素 10 千克。秋季一直不收割，但是要注意防止倒伏，及时去除植株下部老叶，促进通风透光，加强疫病防治，以防发病烂秧。

6. 小拱棚的建造

（1）主要材料。建造小拱棚多以竹竿、竹劈或 4 分镀锌管作拱架，竹劈具体长度因拱棚宽度来定，一般宽 1.5～1.6 米 的畦可用长 3 米的竹劈，宽度为 2.5～2.6 米的畦要用长 4 米的竹劈，一般要埋入地下 20～30 厘米，棚膜可选用厚度为 0.06～0.08 毫米的淡蓝色或淡紫色无滴膜。棚膜拉线可用直径 1 厘米的尼龙线，越冬保护地栽培时还要准备厚度为 5～10 厘米的稻草苫。防雨膜可用厚度为 0.04～0.06毫米的普通聚乙烯塑料膜。

（2）建造方法。以宽度为 1.5～1.6 米的小拱棚为例，在畦埂边将竹劈的一头插入地下 20 厘米，另一端插入畦埂的另一边，然后再插另一根竹劈。两根竹劈间距离为 80～100 厘米，每畦两端的竹劈要用斜向立柱支撑，为防棚膜积雪将拱架压塌可适当增加立柱。

7. 扣棚及扣棚后的管理 当气温低于 5 ℃时即可扣棚，黄淮地区一般 11 月上中旬、北方地区 10 月中下旬。扣棚应选择晴天无风的天气进行，先在棚的一侧开沟，压住棚膜一边，然后边拉边压棚膜的另一侧。扣棚初期，地温、气温较高，棚的两头可以暂且不压，以便通风降湿，之后每隔 2～3 米拉 1 根压膜线，以防棚膜被风吹动，随着气温的降低，将棚膜四周压严，夜晚还要加盖草苫。

韭菜生长的适宜温度是 12～24 ℃，适宜的空气湿度是 60%～80%，适宜的光照度是2.5万～4.0万勒，因此韭菜扣棚后管理的总体原则是通过温度、湿度和光照的调节以创造适宜韭菜生长的环境条件。扣棚初期，棚内地温和气温较高，应及时通风换气降温降湿，避免棚内积聚的氨气等有毒有害气体造成叶片受害。晴天中午棚内气温达到25℃以上时要及时通风降温，下午3—4时要及时闭棚，积聚热量以提高夜温，确保前半夜温度控制在10～15℃，后半夜温度控制在8～10℃。韭菜扣棚前浇1遍水，生长期间一般不需要再浇水，如果确需浇水，应选择在阴天尾晴天头浇水，且浇水后应加大放风量，尽快降低棚内空气湿度。光照是韭菜进行光合作用的主要能量来源，光照条件的好坏直接影响小拱棚韭菜产量的高低，因此增加光照是棚期光照管理的关键，其主要措施：棚膜要尽量选用聚乙烯无滴膜，同时要及时清洗棚膜，提高棚膜的透光率，创造适宜韭菜冬季生长的光照条件。扣棚以后小拱棚的保暖条件可以保证收割韭菜1～2茬。

8. 病虫害防治 韭菜小拱棚的主要害虫是韭蛆，扣棚前用40％的辛硫磷800倍液或90％敌百虫1 000倍液灌根即可。主要病害是灰霉病，扣棚前1天可用50％多菌灵800倍液进行地表拱架喷洒杀菌。扣棚后7～10天，可用20％腐霉利·百菌清复合烟剂或40％百菌清烟剂于傍晚用暗火点燃进行棚内施药，并闭棚一夜，于第二天早晨及时通风换气。多种药物单独交替使用，每7～10天用药1次，每茬韭菜施放烟剂1～2次即可预防。

9. 收割 冬季韭菜一般扣棚后35～40天即可收割，收割时间应尽量选择在晴天的上午进行，先从棚的一头揭开棚膜一侧，随着收割的进度分期分批揭膜，切记不可一次将棚膜全部揭开，以免造成韭菜不能及时收割而失水萎蔫。所用收割工具要锋利，韭菜茬口要齐平，深浅与地表平或地表下1厘米左右，刀口以呈黄白为宜。如果收割过浅，会影响当茬产量；收割过深，会影响下茬的长势和产量。收割时可以边割边捆，及时存放到筐内，并摆放整齐，气温较低时，收割的韭菜要及时保暖防冻。

10. 收割后及撤棚后的管理 冬季韭菜收割后，拱棚仍然保留，两头通风，随着气温升高，于1月下旬至2月上旬及时撤棚。韭菜撤棚后，及时铲除地上韭菜，进行中耕施肥，每亩追施腐熟有机肥 10 000 千克或商品有机肥 2 000 千克，并及时浇一遍水。如果韭菜长势较强可养根 40～50 天后再收割一茬露地韭菜，在第一茬收割后 25～30 天，再收割第二茬韭菜，如果韭菜长势较弱，应停止收割，加强肥水管理，视情况收割。6—7 月韭菜抽薹后及时采摘嫩薹上市，以减少养分的过度消耗，夏秋季节仍不收割。夏季 7—8 月高温多雨，韭菜进入高温歇伏，开始停止或缓慢生长。这时一般不施肥，要做好排水防涝工作，预防倒伏烂秧，及时用药预防韭菜疫病。可用 90％乙膦铝 500 倍液或 72％霜霉威 1 200 倍液叶面喷雾，连续用药 2～3 次。秋季加强肥水管理，促进光合有机产物的积累，培育健壮根株，为冬春季节进行韭菜保护地高产高效生产奠定坚实的基础。

二、春提前小拱棚韭菜生产技术

春提前小拱棚韭菜生产，多采用小拱棚加薄膜覆盖的方式来进行保温，使韭菜发棵返青免受冻害，以保证产品提前上市，提高产量和产值，实现韭菜产品的均衡供应。

1. 品种选择　选用返青早、生长速度快、植株长势旺、叶宽、叶色深绿、耐寒、耐热、丰产性好的品种，如豫韭菜一号、平丰 7 号、韭宝、航研 998、平丰 22 号等。

2. 整地施肥　选择土层深厚、富含有机质、排灌方便的土壤种植。结合整地，每亩施腐熟有机肥 5 000 千克或商品有机肥 2 000 千克、过磷酸钙 50 千克、硫酸钾 50 千克，黏重土壤还应增施土杂肥、草木灰等。深翻 30 厘米，精细整地，做畦，畦宽 1.5～1.6 米或 2.5～2.6 米，畦梗宽 80～100 厘米、高 15～20 厘米。

3. 播种　当 5 厘米地温达 10 ℃以上时播种，黄淮地区 3 月下旬至 4 月下旬，长江中下游流域一般在 3 月中下旬至 4 月上旬采用露地育苗。播前将种子晾晒 2～3 天，然后进行浸种催芽。即将种子放入 40 ℃温水中浸泡 24 小时，捞出用湿布覆盖，置于 15～20 ℃条件下催芽，每天用清水洗 2～3 次，经 3～4 天种子露白后即可播种。可畦播，也可采用机械直播，每亩播种量 2 千克左右。

4. 播种后管理 播种后覆土 1～1.5 厘米，然后用 50％扑草净每亩按 70～80 克兑水 60 千克或 33％二甲戊灵乳油 150～200 毫升均匀喷洒畦面，防治杂草。最后覆盖地膜增温保墒，以利于出苗。播后至出苗前一般不浇水。出苗后及时揭去地膜，小水轻浇 1 次，前期地温较低，少浇水，保持土壤湿润即可。当苗高 10～15 厘米时，可结合浇水追施尿素 10 千克左右，以后酌情再追肥 1～2 次。育苗后再进行移栽的，6 月下旬后即可移栽定植。

5. 定植 当育苗畦内韭菜苗龄达到 80～100 天、长到 5～6 片叶、株高 20～25 厘米、叶鞘粗 0.3～0.4 厘米时即可定植。定植时，先将韭菜苗轻轻挖出，擞去土将苗按大小分级，去除病残弱苗，起苗时要随栽随起，保护好韭菜苗根叶，以利成活缓苗。韭菜定植方式可以采用行栽，亦可采用穴栽，一般行距 20～25 厘米。穴栽时穴距 10～15 厘米，每丛 4～5 株。行栽时株距 1.0 厘米，南北行向为宜，可以用锄开沟，一般沟深 7～8 厘米。按穴距或株距摆苗后封土 3～4 厘米，以不埋住心叶为宜。

6. 夏季管理 定植后，要先顺行向轻踩一遍，然后及时浇定根水。浇第一遍水时，要小水轻浇，以防将苗冲走，7～10 天以后，再浇一遍缓苗水。随着气温的逐渐升高和光照的日益增强，可以用遮阳网适当进行遮光降温。7 月至 8 月韭菜进入高温歇伏期，一般不需要追肥和浇水，但要注意降雨天气，大雨过后要及时排水防涝，以防将苗淹死。进入 8 月下旬以后，随着气温变凉，韭菜进入一年中的第二次营养生长高峰期。从 8 月中旬开始，每 15～20 天浇水 1 次，结合浇水每次追施充分腐熟人粪尿 1 000 千克或复合肥 20 千克加尿素 10 千克，秋季一直不收割，但是要注意防止倒伏，及时去除植株下部老叶，促进通风透光，加强疫病防治，以防发病烂秧。

7. 小拱棚的建造

（1）主要材料。建造小拱棚多以竹竿或竹劈、4 分镀锌钢管作拱架，竹劈宽 3～4 厘米，具体长度因拱棚宽度来定，一般宽 1.2 米的畦可用长 2 米的竹劈，宽 1.5～1.6 米的畦可用长 3 米的竹劈，宽度为 2.5～2.6 米的畦要用长 4 米的竹劈，宽度为 3.5～3.6 米的畦要用长 6 米的竹竿或镀锌管。畦宽超过 2 米中间要加立柱，棚宽 2～3 米可加 2 排立柱，立柱高度依棚的高度确定，一般要埋入地下 30～50 厘米，畦宽 3～4 米要加 2～3 排立柱。棚模可选用厚度为 0.06～0.08 毫米的淡蓝色或淡紫色无滴膜。棚膜拉线可用直径 1 厘米的尼龙线，越冬保护地栽培时还要准备厚度为 5～10 厘米的稻草苫。防雨膜可用厚度为 0.04～0.06 毫米的普通塑料膜。

（2）建造方法。以宽度为 1.5～1.6 米的小拱棚为例，先在畦中间插一排立柱，立柱间距离为 70～80 厘米，立柱要在畦的中间沿行向呈一直线并与畦埂平行，立柱高度为 70 厘米，立柱顶点仍呈一直线。在畦埂边缘将竹劈的一头插入地下 10 厘米，沿立柱顶端弯成拱形，将另一端插入畦埂的另一边，竹劈中间用绳子固定在立柱的顶端，然后再插另一根竹劈。两根竹劈间距离为 70～80 厘米，每畦两端的竹劈要用斜向立柱支撑，以防棚膜积雪将拱架压塌。

8. 扣棚　春提前栽培一般 12 月下旬至 1 月上中旬扣棚。扣棚后，先不放风，使棚内温度尽快上升，当温度超过 20 ℃时，应通风降温，放风要逐渐加大，一般不能放底风，下午温度降到 20 ℃时停止放风。遇到寒冷天气要注意夜间覆盖不透明保温材料，阴雪天也要进行短时间通风降湿。开春后，外界气温逐渐回升，应逐渐加大通风量，延长通风时间，进入 3 月下旬后可以拆除棚膜。

9. 肥水管理　覆膜前，清除枯叶杂草，在畦面行间开沟施肥，一般每亩施充分腐熟的有机肥 10 000 千克或商品有机肥 2 000 千克、复合肥 30 千克。覆盖薄膜后，随着大棚内温度的上升，韭菜开始萌发，新韭菜萌发长至 3～4 厘米高时浇水 1 次，韭菜收割前 7 天左右，再浇 1 次水。有条件的地方可在盖棚膜后，韭菜高 3 厘米时，开始施用二氧化碳气肥，每刀韭菜连施 10 天，在晴天日出时揭棚膜 1 小时后进行，每天施 2 小时，增产幅度可达 20% 左右。

10. 采收　根据天气情况和气温变化，当韭菜植株高达 25 厘米左右时可开始采收上市，以后每隔 20～25 天采收 1 次，可连续收割 2～3 次。每次每亩可收青韭 1 500～2 000 千克。

11. 采收后管理　一般于 4 月上旬结束冬春季韭菜的采收，并拆

87

除棚膜，进入下一轮的栽培管理工作。采收结束后，每亩施复合肥30～40千克、过磷酸钙50千克，清锄畦面杂草，并浇1次透水，以利韭菜生长。夏季应适当控制植株长势，并注意培土，7月后即可采收韭菜薹。一般种植一次韭菜可连续利用4～5年，重新播种时宜另选田块。

第三节　冬季大棚韭菜多层覆盖高产高效栽培技术

塑料大棚是利用竹木或水泥柱、钢材作支架，上面覆盖塑料薄膜做成的保护地栽培设施。一般大棚高度1.8米以上，跨度7～12米，长度50～100米。人可以在棚内站立操作，其结构简单，建造容易，基建投资少，土地利用率高。通过采用"大棚＋二膜＋小拱棚或层地膜"的多层覆盖方式，有效地解决了冬春寒冷季节塑料大棚韭菜生产温度过低的问题。由于大棚韭菜生产周期短、产量高，并可在元旦、春节时上市，缓解了冬春韭菜依赖外地市场调入的困境，对平抑本地市场韭菜价格过高的现象发挥了重要的作用，也为农民致富增收开辟了一条新途径。

韭菜的多层覆盖栽培模式就是利用遮阳网、地膜、天膜及草苫或棉被覆盖创造适宜生长的环境条件，进行生产的栽培模式。利用多层覆盖栽培的韭菜有以下优点。

（1）大幅度提高韭菜的品质。①内在品质。多层覆盖生产能够尽可能地创造韭菜生长需求的小环境，使韭菜的内在品质得到提高。②感官品质。多层覆盖光照弱，生产的韭菜鲜嫩，水分含量大，叶色鲜亮。

（2）提高韭菜的净菜率。多层覆盖栽培韭菜，小环境相对处于稳定状态，干叶枯梢少，可极大地提高鲜韭的生产率。

一、培肥韭根

韭根的肥壮程度极大影响着多层覆盖韭菜的产量与质量，要想使韭根肥壮，应做好以下工作。

1. 抓住关键时期 韭菜扣棚期间的生长主要依赖于冬前贮蓄到根茎和鳞茎中的养分。因此,养好韭根非常重要,而秋天则是养根的关键时期。

2. 合理收割 冬季需要进行多层覆盖的大棚韭菜一般只割 3 刀,平衡韭菜采收与养分贮存,既提高了效益,又有利于养根。

3. 及时打薹掐花 韭菜抽薹开花对根系养分消耗很大,如果不需要留种,应及时抽薹掐花,保留养分。

4. 控制浇水 强制地上部缓和长势,促使营养物质向根部回流。

二、覆盖前的准备

一般 10 月上中旬平茬,平茬前 15 天打一遍乙烯利,促进养分回流根部,10 月下旬扣棚,11 月中下旬收割第一刀,元旦前后可收割第二刀,2 月上中旬可收割第三刀,这样可避开春节集中上市的高峰,避旺补淡,提高效益。但扣棚前需做好以下工作。

1. 保证地块内清洁 清除地上部残茎枯叶和杂草,降低病虫害的初侵染基数。

2. 要扒土晾根 韭菜叶片经过几次严霜冻枯之后,用锄顺韭垄将畦面的韭菜枯叶铲平,再用竹耙搂净。如果畦土已结冻,可夜间覆盖草苫子等物,待畦土解冻后,扒开韭根,晾晒 5～6 天,通过扒土晾根有利于打破休眠期,使出苗整齐,也可杀死部分地蛆的虫卵,减少今后生产过程中地蛆的发生危害率。

3. 科学施肥浇水 彻底清茬后,一次性每亩施充分腐熟的农家肥 5 000 千克或商品有机肥 2 000 千克,油渣 100 千克,复合肥 50 千克,锄划后浇 1 次透水。

覆盖前 2～3 天,可用 50％辛硫磷乳油 800 倍液或 90％晶体敌百虫 500～600 倍液浇灌韭根,然后撒施与土掺匀的腐熟有机肥,接着浇 1 次透水,即可准备覆盖薄膜。

三、多层覆盖

韭菜虽是耐寒作物,但在寒冷季节生长,温度仍是一个重要的限制因素。生产上常用多层覆盖法,即大棚内套二膜,二膜可于第一刀收割后进行，随着气温的降低再设小拱棚，可大大提高大棚的保温性能，保证韭菜正常生产。

四、覆盖后的管理

韭菜喜冷凉，生长期室温为 12~24 ℃，最高不超过 25 ℃。当韭菜长出地面后，必须严格控制温度，定植后白天保持 20~24 ℃，夜间保持 12 ℃以上。缓苗后，白天保持 16~20 ℃，相对湿度 60%~70%，夜间保持 8~12 ℃，超过 24 ℃时放风降温排湿。

1. 排湿防病 大棚韭菜易发生灰霉病，应适时通风排湿，创造适宜韭菜的生长环境，当韭菜长到 20 厘米高、小拱棚温达到 30 ℃时，就要在小拱棚两头适当开口通风。以利降温散湿，补充畦内二氧化碳，防止灰霉病的发生和蔓延。也可用 50%腐霉利可湿性粉剂 1 000~1 500 倍液进行保护与防治，确保韭菜高产优质。

2. 及时揭盖 使用草苫的大棚应及时揭盖草苫，调节适宜的温度环境。覆盖韭菜的畦温白天要掌握在 20~25 ℃，不要超过 30 ℃，夜间不要低于 6~8 ℃。加盖草苫的大棚根据畦温和天气情况要及时揭盖草苫。一般在韭菜未出土前草苫要晚揭早盖，上午在草苫上的霜雪化后揭开，下午 3—4 时盖上，以利提高畦温，促进早发。韭菜出土后要早揭晚盖，延长见光时间，以利提高产量。遇到雨雪天气，只要雨住雪停就要将草苫上的积雪扫掉并揭开草苫，连阴天时也要适当揭开草苫让韭菜见光。

3. 注意打扫 保持薄膜清洁，提高光合作用。一是可以将薄膜上积聚的尘土、碎草扫掉增加透光度；二是可以将畦内凝聚在薄膜上的水珠打落，以利增光增温。一般每天要振打5~6次，清扫1次，不论扫或打都要用力轻缓，防止损伤薄膜。

4. 适时防治韭菜灰霉病 一是培育无病壮苗。二是严格掌握温湿度。三是发现畦内零星植株发病时，要趁晴暖无风天气的中午喷药防治药剂或将发病中心的韭菜及时割掉并运出棚外。对于韭菜灰霉病，可用 50%多菌灵可湿性粉剂 600 倍液、或 50%腐霉利可湿性粉剂 1 500~2 000 倍液，重点喷洒新叶及周围土壤，以上药剂每亩用药液 40~50 千克，隔 7~10 天喷药 1 次，连续 2~3 次。

五、收割及管理

收割时要兼顾养根，才能持续提高经济效益，掌握收割的频度、方法是提高收入的关键措施之一。一般从覆盖到割第一刀需30～35天，割韭菜要选择晴暖天气的中午。第一刀收割后，要施适量的有机肥，并将畦面搂平，覆盖薄膜，视墒情酌情浇水。再经过40天左右割第二刀，割二刀后再过30天左右割第三刀。割三刀后不能再割。三刀后，天气已转暖，可撤去覆盖物，加强肥水管理，使其恢复生长。

六、撤棚后的养棵壮秧管理

韭菜连续收割几茬后，根株贮存的光合有机养分几乎消耗殆尽，此时韭菜不仅生长慢，而且植株细弱，撤棚后要及时加强肥水管理，每10～15天浇水1次，结合浇水每次每亩追施复合肥20～30千克，连续追肥2～3次。春夏季一直不收割，秋季继续加强肥水管理，不收割，以培育健壮根株。

第四节　韭黄生产技术

韭黄，又称韭芽、黄韭芽。韭黄栽培是利用韭菜根株在适宜的温度、湿度及黑暗的条件下，依靠韭菜自身贮藏的光合有机产物和从土壤中吸收的无机营养、水分，在不能形成叶绿素且不能进行光合作用的情况下，生产出的质地柔嫩、肥嫩可口、风味极佳、叶鞘雪白、叶色淡黄的韭菜植株。韭黄是在遮光和不能进行光合作用的条件下生长和生产的，因此，韭黄的产量相对较低，但由于韭黄粗纤维含量少，色鲜味美，风味极佳，深受消费者喜爱，所以韭黄的市场价格较高，一般是韭菜价格的3～5倍，具有较高的经济效益。韭黄的栽培技术在全国的分布范围非常广，且全国各地差异较大。

目前生产中常见的栽培方法有：遮阳网覆盖、草苫草帘覆盖、麦秸覆盖、黑色塑料薄膜覆盖、棚窖和扣罐栽培生产韭黄。

一、遮阳网覆盖生产韭黄

遮阳网具有一定的遮光效果，生产上常见遮阳网的遮光率为40%～60%，如果采用2～3层遮阳网与小拱棚配合使用，在春秋季节进行韭黄覆盖栽培，基本上能够满足韭黄生长要求的遮光和温、湿度条件。并且遮阳网在市场上销售广泛，便于采购和管理，又结实耐用，折旧成本不高，可以大面积推广应用。

1. 适宜的覆盖时间 利用遮阳网进行韭黄栽培，它不仅有较好的遮光效果，而且在高温季节又有一定的降温作用，因此，利用遮阳网栽培韭黄可以从4月一直生产到11月。

2. 品种选择 遮阳网生产韭黄的适宜生长期较长，所以在选择时应根据不同的覆盖时间选择不同类型的韭菜品种。春夏季生产应选择冬季休眠、春季萌发早、叶色深绿、耐热优质的韭菜品种，如平丰1号、豫韭菜一号等。如若进行秋冬季生产则应该选择冬季不休眠、抗寒性强、低温条件下生长速度快的平丰9号、平丰8号、平丰6号、航研998、韭宝等。

3. 培育健壮的根株 韭菜根株健壮与否是决定韭黄产量高低和商品品质优劣的主要因素。要培育健壮的韭菜根株：一是要选择地块平整、土地肥沃、疏松透气的壤土或沙质壤土；二是要施足底肥，精耕细作，定植前每亩施腐熟有机肥10 000千克或商品有机肥2 000千克、复合肥50千克，土地深翻30～40厘米，耙碎搂平，然后做成长15～20米、宽2～3米的定植畦；三是合理密植，韭黄栽培一般采用丛状定植为宜，一般行距25～30厘米、丛距15～20厘米，每丛定植韭菜苗8～10株，定植深度以8～10厘米为宜，定植当年以养根壮秧为主，一般当年不收割；四是搞好覆盖前的养根管理。覆盖前50～60天的肥水管理十分重要，尤其是秋冬季覆盖生产韭黄，9—10月进行覆盖。应从夏季就加强管理，高温季节韭菜处于高温歇伏状态，这时一般不需要施肥浇水，但要注意排水防涝，雨水天气应加强韭菜的疫病防治，预防倒伏烂秧。立秋以后，随着气温的降低应及时加强肥水管理，一般每15～20天浇水1次，每15～20天追肥1次，每次追施腐熟人粪尿1 500千克，或复合肥30千克，连续追肥2～

3 次。

4. 遮阳网的覆盖栽培与管理　覆盖前 1~2 天将地上部韭菜沿地表处平茬。韭菜平茬前 5~7 天浇一遍透水，随水每亩冲施尿素 30 千克。平茬后及时清洁畦面，并用 45％的百菌清可湿性粉剂 500 倍液喷洒畦面。覆盖时可用小拱棚的骨架作为遮阳网棚的骨架，具体插架方法与小拱棚相同。拱架插好后随即覆盖遮阳网，覆盖 3 层以上遮光效果较好，最后将四周压严。温湿度是扣棚后的管理重点，如果白天温度超过 25 ℃，应及时通风降温，放风时要用草苫将放风口遮光。秋冬季节生产，后期如果夜间棚温较低，可覆盖草苫、防风膜和防风风障以提高棚内温度。遮阳网覆盖栽培保墒效果相对较差，如果土壤缺墒，可浇一遍小水，随后及时通风散湿，并加强韭菜灰霉病的监测和预防。

5. 收割及收割后的管理　韭黄的收割时间因覆盖的季节和温度等气候条件的不同而有较大的差异。5—9 月气温较高，遮阳网覆盖后 15~18 天即可收割 1 次，3—4 月或 10—11 月进行生产，气温较低，生长速度相对较慢，一般覆盖后 20~25 天即可收割。收割时应从棚的一头揭开，边收割边揭棚，千万不能将棚一次性全部揭开，同时做到边割边捆，及时装箱，以防韭黄萎蔫而降低商品品质。韭菜收割一茬韭黄后，最好不要进行连续收割，应及时加强肥水管理，尽快促进韭菜秧苗复壮，一般 50~60 天内不收割，以促进光合有机产物的合成与积累，为下一茬韭黄的高产奠定良好的物质基础。

二、草苫草帘覆盖生产韭黄

我国耕地面积大，农作物秸秆资源十分丰富，山区丘陵和江湖河滩亦有十分丰富的野生杂草资源。以秸秆杂草作为主要材料，结合竹竿、木条、铁丝和绳子等辅助材料，可以做出各种各样的草苫和草帘。用草苫和草帘进行韭黄生产不仅可以满足韭黄生长的温度、湿度和遮光的条件，而且农作物秸秆资源取材广泛，生产投资少，只需投入一定的人工，将秸秆材料进行少许加工即可满足生产要求。

1. 适宜的生产时间　草苫草帘覆盖生产韭黄在低温条件下具有保暖作用，高温条件下又有遮阴和降温的效果。所以，草苫草帘覆盖生产韭黄的适宜生产时期较长，自然条件下 3—10 月均可生产，如果草苫草帘覆盖栽培与风障和日光温室配合使用，则周年四季都可以进行韭黄生产。

2. 品种选择　草苫草帘生产韭黄的适宜生长期较长，所以在选择时应根据不同的覆盖时间选择不同类型的韭菜品种。春夏季生产应选择冬季休眠、春季萌发早、叶色深绿、耐热优质的韭菜品种，如平丰 1 号、豫韭菜一号和豫韭菜二号等。如若进行秋冬季草苫草帘覆盖生产韭黄则应选择冬季不休眠、抗寒性强、低温条件下生长速度快的平丰 9 号、平丰 8 号、韭宝、航研 998 和平丰 22 号等品种。

3. 培育健壮的根株　韭黄栽培应选择 2～3 年生健壮的韭菜，春季覆盖生产应从上年的秋季开始加强肥水管理，一直不收割，入冬后让其自然回秧休眠，并且搂除地表枯叶杂草，每亩施腐熟有机肥 10 000 千克或商品有机肥 2 000 千克，中耕松土后于土壤冻结前浇一遍封冻水，通过冬冻春融，土壤变得湿润疏松透气，适宜春季的韭黄生产。秋冬季节进行韭黄生产，应从夏季就加强管理，高温季节韭菜处于歇伏状态，这时一般不需要施肥浇水，但要注意排水防涝，夏季高温、多雨天气还要加强韭菜疫病防治，预防韭菜倒伏烂秧。立秋以后，随着气温的降低应及时加强肥水管理，一般每 7～10 天浇水 1 次，每 15～20 天追肥 1 次，每次追施腐熟人粪尿 1 500 千克或复合肥 30 千克，连续追肥 2～3 次。覆盖前一直不收割，以增加光合有机产物积累，为韭黄的高产高效奠定物质基础。

4. 草苫草帘的加工制作方法　可制作草苫草帘的主要原料有稻草、玉米秆、麦秸、苇草、竹竿、高粱秆、铁丝和绳子。草苫草帘的制作方法有两种：一种是用竹竿、秸秆、稻草和铁丝制作板块状的草苫，其制作方法是先按间距 25 厘米，平行排放 3 根长 3 米的竹竿（长度一根不足可用两根连接），然后在竹竿上垂直摆放厚 6～8 厘米的秸秆（稻草与高粱秆等粗细秸秆混用效果更好，既有较好的遮光保暖作用，又有较强的支撑作用），秸秆可截成或折成长度 70 厘米，摆放厚度应均匀一致，再在秸秆上放三道相同长度的竹竿，最后用铁丝或绳子将对应的上下两根竹竿绑紧即可。另一种是用竹竿、秸秆、稻草和绳子制作卷帘状的草苫，稻草和秸秆混用，草苫宽度 1 米，厚度为 6～8 厘米，草苫长度因韭畦的宽度而定，一般情况下宽度为 1.2 米的韭畦需草苫长度为 2 米，宽度为 2 米的韭畦需草苫长度为 3 米，每编织 20～30 厘米增加一根竹竿，以增强草苫的支撑作用。

5. 盖苫　10 月上中旬将地上部韭菜平茬后，清理枯叶杂草，搂净畦面，每亩追施尿素 30 千克，并随水冲施 90％的敌百虫晶体 2 千克，然后按小拱棚的搭建方法搭建拱棚拱架，并用 50％的多菌灵可湿性粉剂 600 倍液喷洒畦面和拱架，之后在拱架上覆盖草苫，四周压严并用绳或铁丝固定，以防草苫被风吹动。

6. 盖苫后的管理　扣苫后棚内温度应控制在 15～20 ℃，棚温过高可在草苫上洒水降温，棚温过低时可在草苫外加盖防风保暖膜或在棚的北侧加设风障以提高棚温。棚内空气湿度以 60％～80％为宜，随时保持地表湿润，如果缺水应及时浇水。

7. 收割与收割后的管理　扣苫后 20～25 天即可收割，收割时应边收割边揭棚，收割的韭黄应及时绑捆装箱。韭黄收割后应及时撤棚，加强肥水管理，培肥培壮根株，为下茬韭黄的丰产丰收积累充足的光合物质。

三、麦秸覆盖生产韭黄

麦秸覆盖韭黄栽培是利用粉碎后的麦秸作为覆盖物，一次性覆盖直至收获，在此期间不需要其他管理。该栽培方法所需要的麦秸原料可以就地取用，操作简便。并且，麦秸经过一段时间的风吹日晒和雨淋堆沤，大部分开始变碎，可以翻入土壤内作为有机肥，为下一步韭菜的健壮生长提供良好的生长环境。

1. 根株的选择与定植管理　韭黄栽培一般选用 2～3 年生健壮的韭菜根株进行栽培，这是韭黄获得高产高效的关键技术。栽培地块应选择地块平整、疏松肥沃、透气性好的壤土或沙质壤土。定植前应首先施足底肥，一般每亩施腐熟有机肥 10 000 千克或商品有机肥

2 000 千克，加复合肥 50 千克，深耕细耙，精细整地，然后做成长 15～20 米、宽 2.5～3.0 米的畦，定植时采用丛栽法最佳，一般行距 25～30 厘米、丛距 15～20 厘米，每丛 8～10 株。定植深度 8～10 厘米，可开沟摆苗，亦可挖穴栽种，封土厚度 3～4 厘米，以不埋住心叶为宜。定植后顺行用脚轻踏一遍，然后浇一遍定根水，10～15 天再浇一遍缓苗水，为促进幼苗生长，结合浇水可追肥 1 次，每亩追施尿素 30 千克。进入 8 月上旬，应加强肥水管理，一般每 15～20 天浇一遍水，每次结合浇水追施腐熟人粪尿 2 000 千克，或复合肥 30 千克，连续追肥 2～3 次。9—10 月，如发现韭蛆为害，可用 40% 的辛硫磷乳油 1 000 倍液或 90% 的敌百虫晶体 1 000 倍液灌根防治，同时加强疫病防治，预防韭菜倒伏烂秧。定植当年不收割，以培养健壮的根株。

2. 适宜的栽培时间 麦秸覆盖栽培韭黄，在室外气温较高时具有降低地温的作用，在初冬时又有一定的保暖作用，因此采用麦秸进行韭黄栽培适宜期相对较长，一般春季 4—5 月、秋季 9—10 月都可进行。

3. 覆盖麦秸方法 为了错开上市时间，便于田间操作管理，可隔一畦盖一畦，分期分批进行覆盖。要确保韭黄的生长发育空间，提高韭黄的商品性状，麦秸覆盖前应先在韭菜垄上放置一些树枝、棉花枝、茄子枝或辣椒枝之类的支撑物，然后再覆盖厚 40 厘米的麦秸。在覆盖麦秸前应对麦秸进行杀虫杀菌处理，可用 75% 的百菌清 800 倍液和 40% 敌敌畏 500 倍液喷洒后闷堆 1～2 天，然后在晴天的阳光下暴晒 2～3 天。为防止麦秸随风吹动可在其上盖一层厚 5～10 厘米的土，低温条件下为了确保地温、气温满足韭黄的正常生长亦可在麦秸上覆盖一层薄膜，并将四周用土压严。

4. 收割 根据气温不同，一般覆盖 20～30 天即可收割一茬韭黄。收割应选择在晴天的上午进行。收割前应先将第二畦的青韭收割上市，增加收益，再向第一畦那样放好支撑物，然后将第一畦上的麦秸和土依次堆放到第二畦上，将韭黄轻轻收割捆好装箱，以防日晒和冻害。韭黄收割后，及时追肥、浇水、中耕松土，养根壮秧后再进行下一茬的韭黄生产。

四、黑色塑料薄膜覆盖生产韭黄

用黑色塑料薄膜覆盖韭菜，不仅能够满足韭黄生长要求的遮光、保温和保湿的栽培条件，而且具有白天升温快、夜间保温性能好、取材方便、便于管理的优点。但是采用黑色塑料薄膜生产，气温高时棚温更高，不宜在春末秋初及夏季高温天气进行。

1. 根株的选择与培养 一般选择 2~3 年生健壮的根株。夏秋季节不收割青韭，加强秋季肥水管理，连续追肥 2~3 次，每次每亩追施腐熟人粪尿 2 000 千克或复合肥 30 千克，同时防止倒伏烂秧，养根壮棵，培养健壮的根株。

2. 适宜的生产时间 黑色塑料覆盖栽培生产韭黄适宜早春 3—4 月和秋冬 10—11 月进行。

3. 扣棚前的管理 早春生产，年前就要提前做好准备工作。韭菜冬季进入自然休眠回秧后，要及时清除地表枯叶，每亩追施腐熟的有机肥 10 000 千克或商品有机肥 2 000 千克，进行中耕，在土壤封冻前浇一遍封冻水。土壤解冻后韭菜萌动前，在畦表覆盖地膜，以提高地温促进韭菜尽快萌动，5~7 天后扣棚。

4. 扣棚 黑色塑料薄膜覆盖一般采用小拱棚栽培模式。棚宽 1~3 米，棚长 10~30 米，单一的小拱棚多采用南北畦向，小拱棚与风障配合使用时畦向应采用东西方向，韭黄生产多采用丛状定植，行距 25~30 厘米、丛距 15~20 厘米，每丛定植 8~10 株。扣棚时采用竹竿或竹劈作为拱架，一般拱架间距 50~60 厘米，棚宽超过 1.8 米时中间加一排立柱，棚高 50~70 厘米，棚内 20 厘米高用尼龙网平放支撑，四周固定拉紧，不下陷，防治韭黄生长过程中倒伏，影响品质，棚架搭好后将棚膜扣上，四周用土压严，如铺地膜，于扣膜前用刀将地膜沿韭菜行向划开，以利韭黄生长发育。

5. 扣棚后的管理 黑色塑料薄膜与其他薄膜不同，它吸热性强，透光性差，一般棚内外的温差为 3~5 ℃，早春低温天气为提高棚温可在棚顶加盖草苫，早上揭苫、晚上盖苫促进韭黄快速生长。如果棚内湿度过大，当棚内温度达到 20 ℃以上时，中午可适当通风降温降湿，放风时通风口上要用草苫遮光。

6. 收割及收割后的管理 早春用黑色塑料薄膜覆盖生产韭黄，从覆盖到收割一般需要 25～30 天。收割韭黄可在晴天上午，选用锋利的收割工具，深浅与地表平齐为宜。收割后要及时捆成小捆，随即装入纸箱或竹筐内保鲜，收割后 2～3 天的韭菜要及时中耕除草，结合中耕每亩追施腐熟人粪尿 2 000 千克或复合肥 30 千克，并浇水 1 遍，加强养根管理，待将韭菜秧苗养壮后再进行下一茬的韭黄生产。

五、棚窖栽培生产韭黄

利用地下棚窖进行冬春韭黄栽培，不需要采用其他技术措施，便可以创造适宜韭黄生长的温度、湿度和遮光的条件，而且棚窖可以多年重复利用，栽培方法简便易行，由于地下温度稳定，因此温度容易控制，栽培风险小。主要适用于地下水位较低、土层深厚、紧实的山东、河南、山西和河北等北方地区栽培。

1. 品种选择 棚窖栽培秋冬生产韭黄应选择冬季不休眠品种，如韭宝、平丰 7 号、平丰 8 号、航研 998 等；冬春生产应选择冬季休眠、春季萌发早、叶色深绿、耐热优质的韭菜品种，如平丰 1 号、豫韭菜一号和平丰 19 号等。

2. 适宜生产时间 棚窖栽培韭黄，地下温度一年四季比较稳定，从生产条件讲，可以进行周年生产，但从产量和效益上看，以秋末冬春季节为最佳。

3. 培育健壮根株 棚窖囤栽生产韭黄应选择 1～2 年生、健壮无病的韭菜根株。当年新苗一般 3 月上中旬育苗，6 月中下旬移栽定植，最好采用丛栽方式，行距 20 厘米、丛距 10～15 厘米，每穴栽种 8～10 株，栽培深度为 5～7 厘米，定植后及时浇 1 遍定根水，7～10 天后再浇 1 遍缓苗水，结合浇水每亩追施尿素 20 千克，之后加强中耕除草，雨后及时排水防涝，预防疫病和倒伏烂秧。从 8 月上旬开始加强肥水管理，7～10 天浇水 1 遍，15～20 天追肥 1 遍，每次每亩追施腐熟人粪尿 1 500 千克或复合肥 30 千克，连续追肥 2～3 次。同时加强韭蛆的虫情测报，幼虫发生初期及时用 40% 的辛硫磷乳油 1 000 倍液或 90% 的敌百虫晶体 1 000 倍液灌根防治。

进入 10 月以后随着气温的降低，应适当控制水分促进韭菜进入自然休眠，以利韭菜地上部回秧，确保养分根部回流。等待韭菜通过正常休眠后即可进行囤韭生产，不休眠品种可直接起苗进行韭黄生产。

4. 棚窖的建造　建造棚窖应选择地势较高、干燥背风向阳处。棚窖的大小依据韭菜根株的多少和计划栽培面积决定。棚窖由窖身和窖口两部分组成。窖身宽度 2 米，窖身长度依窖的大小确定，窖的深度因地区不同而有所差异。北方地区冬季气温较低，土壤冻土层较厚，窖深为 2.5～3 米，窖口可采用直立式呈水井状，口径 70～80 厘米。黄淮地区气温较高，窖身可浅一些，深度 1.7～2 米即可，可采用开放式挖法，先按窖身和窖口的规格挖好后，在窖身上方每 50 厘米放一根长 3.5 米的檩条，檩条上先放一层棉秆，再在棉秆上方放一层厚 40～50 厘米的稻草等秸秆，最后在其上盖厚 70～100 厘米的土。棚窖过大时可在窖身的中后部预留 2～3 个通风换气孔。

5. 囤韭　在 10 月不休眠品种可锄掉韭菜地上部，进入 11 月下旬休眠品种韭菜地上部完全回秧后，先搂去地上部的枯叶，然后从畦的一头将韭菜根株轻轻刨出，尽量保证韭菜根系完整，严防损伤韭菜鳞茎，刨出后的韭菜根株应随刨随囤，尽量减少韭菜根系的晾晒损伤，以确保韭菜须根的生命活力。囤韭时先将韭菜根株在 90% 的晶体敌百虫 800 倍药液里浸泡，然后将韭菜根株整齐摆放在棚窖的两侧，中间留一条宽 30 厘米的走道，摆放韭菜根株前先在底下铺一层厚 20～30 厘米晒干的马粪或牛粪，再在其上盖一层厚 10 厘米的壤土或细沙，韭菜根株要摆放整齐，摆好后用千分之一的尿素水喷淋浇透，再在韭菜根株上覆盖厚 3～4 厘米的细沙壤土。

6. 棚窖的管理与收割　囤韭后应及时用草苫将窖口遮光，同时囤韭后的前 5～7 天应保持通风口和窖口通风换气，以便及时排除氨气和多余水分。棚窖温度应控制在 15～20 ℃，温度高容易腐烂，影响品质，应及时通风降温。温度过低，生长缓慢，影响产量和效益，如遇冬季长时间的雨雪低温天气，可在棚窖内用烟道式的煤火直接加热，但必须将烟气通过管道彻底排出窖外，忌用烟煤，以防煤烟中毒。棚内湿度应控制在 70%～80%，湿度过大应及时通风降湿，湿度过小，可适当淋洒千分之一的尿素水。扣棚后 25～30 天即可收割一茬。收割时镰刀要锋利，收割动作要轻，不要拉动下边的韭菜根株。第一茬收割后 2～3 天待伤口愈合后可根据棚内湿度喷洒千分之一的尿素水，继续搞好温度和湿度控制，若发现灰霉病危害，初期可用 20%腐霉利·百菌清复合烟剂熏棚防治。连续收割 2～3 茬后把韭菜根株刨除，将棚窖清理干净，以备下年再用。

六、扣罐栽培生产韭黄

扣罐覆盖生产韭黄是河南省开封市的一种韭黄传统栽培技术。这种栽培技术简便易行，技术要点好学好掌握，生产风险低，设施一次投入可以长期使用。但投资成本相对较高，不便于大面积推广使用。

1. 品种选择 采用扣罐方法生产韭黄，应根据生产时期不同选择不同类型的韭菜品种。春夏季生产应选择冬季休眠、春季萌发早、叶色深绿、耐热优质的韭菜品种，如平丰 1 号、豫韭菜一号和平丰 19 号等。如若进行秋冬季扣罐生产，则应该选择冬季不休眠、抗寒性强、低温条件下生长速度快的平丰 7 号、平丰 8 号、平丰 22 号、韭宝和航研 998 等品种。

2. 适宜生产时间 扣罐生产韭黄，低温条件下具有保暖作用，高温条件下又有遮阴和降温的效果，所以，扣罐生产韭黄的适宜生产时期较长，自然条件下从 3 月至 10 月均可生产。如果扣罐栽培与拱棚配合使用，则一年四季都可以进行韭黄生产。

3. 瓦罐规格 扣罐栽培韭黄所需的瓦罐要求高度约 30 厘米，口径 20～24 厘米，底径 15 厘米左右，质密底厚者保暖控温性能更好。夏季高温条件下进行生产采用底部有透气孔的瓦盆更有利于温、湿度的调节与控制。

4. 扣罐韭黄栽培技术 扣罐韭黄栽培要选择 2～3 年生健壮的韭菜。但这里需要强调的是从韭菜的定植就要按照扣罐生产韭黄的要求操作。一是选择优良的韭菜品种。二是采用丛状的定植方式，一般行距 35～40 厘米，每 25～30 厘米定植一丛，每丛栽种韭菜 30～40 株。

三是扣罐前 50～60 天加强肥水管理，停止收割，培育健壮的根株，促使韭菜根株内积累较多的有机光合产物，为韭黄的高产优质奠定物质基础。四是扣罐时将韭菜沿地表处平茬，清除田间枯叶杂草，随后用 50％的多菌灵可湿性粉剂 600 倍液喷洒畦面及瓦罐内壁，之后将瓦罐一个紧挨一个沿韭垄扣在韭丛上，并用土将罐口四周围严。扣罐后及时浇水 1 遍，并结合浇水每亩随水冲施尿素 20 千克。4—10 月扣罐生产，每 10～15 天浇水 1 次，保持地表湿润。当韭黄生长高度达到 25 厘米以上时要注意罐底覆土，以防罐内温度过高引起韭黄烧叶或腐烂。

5. 收割及收割后的管理　扣罐韭黄的收割时间因扣罐的季节和温度等气候条件的不同而有较大的差异。6—8 月气温较高，扣罐后 15～18 天即可收割，3—5 月或 8—11 月进行生产，气温较低，生长速度相对较慢，一般扣罐后 20～25 天才能收割。韭菜收割一茬韭黄后，与青韭交替生产，最好不要连续收割。同时应及时加强肥水管理，尽快促进韭菜秧苗复壮，一般 50～60 天内不要收割，以促进光合有机产物的合成与积累，为下一茬的韭黄高产奠定良好的物质基础。

第五章　韭菜主要病虫草害及防治技术

病虫草害是指对农业生产可以或经常造成较大或重大损失的病害、虫害、杂草。对人类活动没有造成影响的，虽然生产中时有发生，但不需要防治。而随着韭菜栽培面积的不断扩大，栽培方式的不断改进，尤其是越冬保护地韭菜的大面积推广应用，韭菜的病虫草害种类也在不断增加，且有逐年加重的发展趋势。韭菜不像其他当年生蔬菜当年种植、当年收益，它是多年生蔬菜，种植一次，收获多年，不便于倒茬，更不利于阻断病虫草害的周年生活史。一旦发生病虫危害，将造成严重减产，甚至绝收。同时，韭菜地肥水充足，耕作次数少，杂草容易滋生。韭菜叶片较细小，杂草一旦猖獗，不仅地面被杂草密闭与韭菜争夺水分和养分，而且影响韭苗通风透光，造成草荒危害，形成"草吃苗"的现象。因此，杂草危害对韭菜的影响比其他蔬菜更为严重。韭菜病虫草害的有效防治是实现蔬菜生产优质、高产、高效益的关键。在防治过程中应遵循以下原则。

一、预防为主，综合防治

"预防为主，综合防治"是我国植保工作的一贯方针，也是绿色韭菜产品生产的重要指导思想。合理运用物理措施、生态技术、生物技术及化学药剂，可以安全、有效地控制病虫草对韭菜的危害，维护生态平衡，促进农业的可持续发展。

二、充分利用农业综合措施，尽量减少用药

该措施经济有效，主要有：搞好韭菜地的田园卫生，清除病株残体及杂草，覆盖地膜，高垄栽培，设施内及时通风降温，合理轮作，合理密植，合理施肥等。

三、抓住主要病虫草害，充分考虑兼治

集中力量解决对生产危害最大的病虫草害，动态观察，及时、有计划、有步骤地进行科学防治。

四、根据发生规律，抓住关键防治时期

掌握病虫草害的发生规律，在关键时期防治，以取得事半功倍的效果。

五、以生产优质绿色韭菜产品，丰产增收为目的

通过减少用药次数及严格筛选低毒、低残留安全农药，以确保生产出优质安全的韭菜产品。

第一节　生理性病害及防治技术

韭菜的生理性病害，也称非传染性病害，由非生物因素即不适宜的环境条件引起，这类病害没有病原物的侵染，不能在植物个体间互相传染，所以植物生理性病害具有突发性、普遍性、散发性、无病征的特点，可由各种因素引起，其中药害、高温障碍、黄化、花叶等缺素症状，有的易与病毒混淆，确诊时需全面分析观察，其他生理性病害也应积极防治。在实际生产中，作物生理性病害和传染性病害常易混淆，一旦误诊，可能延误最佳防治时间，造成无法挽回的损失。或者滥用农药，影响农产品的质量，对人畜带来残毒危害，造成环境污染。因此，准确、及时的诊断鉴定，是搞好植物病害防治工作的前提和保障。

一、药害

药害是指韭菜用药后生长不正常或出现生理障害。在高温、高湿环境下，过多施用辛硫磷等农药，易造成叶尖干黄、枯死，严重影响韭菜的生长发育。

药害防治方法：

（1）选择对作物安全的农药。由于不同药剂的理化性质不同，造

成药害的程度也不同。一般无机杀菌剂最易产生药害，有机合成杀菌剂药害可能性较小。植物性杀菌剂最安全，不易出现药害。同一类药剂中，药剂的水溶性越大，药害越重。农药的质地对作物影响很大，如可湿性粉剂的可湿性能差时，粉粒粗大，在水中沉淀速度快，如不及时搅拌，使药液下部浓度大，喷后容易产生药害。

（2）尽量选择耐药力强的时期施药。一般苗期、收割后的前7天及徒长期，容易产生药害，避免在韭菜敏感时期施药。

（3）要尽量避开炎热天气的中午喷药，光照强的环境下，药剂的活性增强，浓度高、作物代谢旺盛，一般气温高、湿度大，药剂容易进入植体，引起药害。控制室温和通风排湿，施用农药后注意排湿。

（4）采取补救措施。受害后加强管理，适当补施氮肥并灌水，促使韭菜尽快恢复生长。

二、高温障碍

韭菜高温障碍，是指高温条件下，呼吸作用增强，物质消耗大于积累，韭菜酶活性降低，植株生理失调、生长停滞等。

防治方法：露地韭菜夏季高温干燥，干旱时要及时灌水，防止土壤干旱。温室韭菜遇到晴天或阴雨天后骤晴的高温情况，会出现叶尖枯黄或发白，黄化型叶烧也是由高温干燥引起，造成干害。白变型叶烧是由高温引起，干燥助长高温危害，所以要控制室温，注意浇水，适时通风。

三、干尖黄叶

韭菜出现干尖、黄叶，一般不是病菌侵染形成，而是一种生理性病害，出现的原因一般有以下几种：

（1）高温或者冻害。韭菜生长适温为5~30℃，当棚温高于30℃，并且持续时间较长，会导致叶尖或整叶变白、变黄。设施栽培韭菜遇低温冷害或冻害，会发生白尖或烂叶，有时天气连阴骤晴或高温后冷空气突然侵入，会造成叶尖枯黄。

（2）通风不当。刮风天放风不当，或放底风时，由于突然有冷风吹入，温度剧烈变化，植株细胞缺水，导致叶片萎蔫干枯、叶尖失水白化，菜农称这种现象为"闪苗"。

（3）土壤酸化。韭菜喜中性偏酸土壤，pH 6.5～7。在韭菜生长过程中，尤其是拱棚栽培模式下，长期大量施用粪肥、硫酸铵、过磷酸钙等酸性肥料，很容易引起土壤酸化。在酸性土壤上生长的韭菜，植株生长缓慢、叶片细长窄小、干枯黄化。经常性过量施用肥料，也会发生此现象。

（4）土壤盐渍化。过量施用酸性肥料，特别是鸡粪，大大增加了土壤含盐量，超过了国家标准。造成韭菜根系跳根严重且扎根变浅，水分、养分吸收受阻，造成叶尖干尖、扭曲。

（5）微量元素缺乏或者过剩。微量元素的缺失或过剩，例如缺钙或者缺硼、镁会使叶黄化，叶尖枯死。缺钙时心叶黄化，部分叶尖枯死。缺硼时心叶黄化，生长受阻；若硼过剩，一般从叶尖开始枯死。锰过剩，嫩叶轻微黄化，外部叶片黄化枯死。

（6）有害气体危害。扣塑料棚前施用了大量碳酸氢铵或在偏碱性土壤中施用硫酸铵，扣棚后地表撒施尿素后，棚内易形成氨气积累，造成氨害。受到氨害的韭菜，先表现为叶片褪色、萎蔫，然后变成土黄色至黄白色，并由叶尖逐渐蔓延。受害部位如不被病菌感染，不会腐烂。受害植株生长缓慢，叶片出现锈色。发生氨害的棚内，可闻到氨的气味。

针对干尖黄叶问题的防治方法：

（1）选用阔叶韭菜等抗（耐）性强的品种。

（2）加强棚室温湿度管理，棚温不要高于 30 ℃或低于 5 ℃，生产上遇有高温要及时放风、浇水。

（3）增施堆肥，少施酸性肥料，施肥量不宜过大。

（4）少施或不施碳酸氢铵，有机肥要充分腐熟后再施。

（5）平衡施肥，发现缺素症时，可对症在根外喷施微量元素肥料或复合微肥。

四、死株现象

引起韭菜死株的原因很多，主要有以下几种：

①浇冻水过晚，造成地面水结冰。根系长期浸水和冻融交替拉断

根而使植株死亡。②灌溉水中含污染物，使韭菜中毒死亡。③受刺足根螨、韭蛆、地老虎和蛴螬等地下虫危害致死。④夏季高温降雨，根系浸在热雨水中，因缺氧窒息而死。⑤疫病、软腐病等严重病害发生而致死。⑥冬季韭菜田严重缺水致死。

防治方法：根据发生的原因对症治疗。

（1）雨季注意合理浇水、排水。及时浇封冻水，避免用工业废水浇灌。在播种前或每年春夏季深耕，使 30～50 厘米土层疏松通透，减少雨后田间积水，降低湿度。

（2）防治疫病。实行 2～3 年以上的轮作；选择地势高燥、平整且雨后易排水、不易积水的地块栽培；在无病区留种，带菌种子可用 25％甲霜灵可湿性粉剂拌种，用药量为种子量的 0.2％；选用抗病品种，不同的韭菜品种抗病力有一定差异；田间增施有机肥，适当收割，加强管理，促进植株健壮生长，提高抗病力；适当灌溉，雨后及时排水，降低田间湿度；移栽时剔除病苗，注意养根，提高植株的抗病能力；入夏降雨前，及时摘除下层黄、老、病叶，将绿叶向上拢起，用草扎住，或割掉上部叶尖，以免韭叶接触地面，改善通风条件；保护地应加强通风，降低湿度；避免大量施用氮肥，适当增施磷钾肥料；生长期每 20 天喷施 1 次芸薹素，共喷 4～5 次，提高植株抗病力。发病初可用 72％霜脲氰·锰锌可湿性粉剂 600～750 倍液或 52％恶酮霜脲氰 2 000 倍液等交替应用，每 7～10 天喷 1 次，连喷 2～3 次。也可用上述药灌根，每丛灌药 250 克。

（3）防治软腐病等细菌性病害。采用 47％春雷霉素·王铜 800～1 000倍液或 77％氢氧化铜可湿性粉剂 400～500 倍液防治。其他农业措施同防治真菌性病害。

（4）防治韭蛆。施用充分腐熟的有机肥，减少对成虫的诱集。施肥时要做到均匀、深施，种子与肥料分开，可在肥料上覆一层毒土或拌少量农药。在地蛆已经发生的地块，要勤灌溉，必要时可大水漫灌，抑制地蛆活动，或淹死一部分幼虫，减轻危害。秋翻地可以大量消灭越冬蛹，减少虫源。在成虫发生盛期，可进行诱杀。每亩地挖 10～15 个小土坑，坑内铺地膜，填入配好的诱杀液。诱杀液主要是将糖、醋、水按 1：2：（15～20）的比例配好后，加入少量的敌百虫制成。每天早晨清除杀死的成虫，傍晚添加诱杀液。防治成虫和初孵幼虫可用 2.5％敌百虫粉剂，每亩用药 1.5～2 千克，或用 80％敌百虫可溶性粉剂 500～1 000 倍液喷雾，每 7～8 天喷 1 次，连续 2～3 次。田间发现地蛆危害时，可用 80％敌百虫可溶性粉剂 1 000 倍液或 50％氟啶脲乳油 1 500 倍液，进行地面喷雾或灌根，以消灭幼虫。

（5）防治刺足根螨。可用 1.8％阿维菌素乳油、20％哒螨灵乳油 1 000～1 500 倍液或 5％阿维哒螨灵乳油 1 000～1 500 倍液喷于基部防治。

五、越冬栽培生长不旺

在韭菜越冬栽培中，第一刀生长缓慢，长势不旺，影响了收割期及产量，这称为生长不旺现象。产生这种现象的原因除了肥水不足、温度过低、有病虫危害、种植时间过久、根系老化以外，主要是植株未度过休眠期所致。

防治方法：在进行保护地栽培前，加强肥水管理，养好根，且应满足一定的低温时间。也可选择栽培休眠期短的品种。

六、气害

一般是由于施肥不当引起。如固体肥料施用过多，扣塑料棚前施用了大量碳酸氢铵或在偏碱性土壤中施用硫酸铵，棚内易形成氨气积累，造成氨害。此时若温室内湿度增加且通风不良时，有害气体溶解在水汽中，然后聚集在叶片上，致使叶片出现白斑，边缘出现脱水烧边等现象，严重时生长点受害，不能正常生长发育。另外，北方温室在使用煤火加温时易产生二氧化硫与一氧化碳等气体，也能造成气害。碱性土壤易产生氨气，使叶尖枯萎，部分变褐；酸性土壤易产生硝酸气体，使叶片变白。

防治方法：要避免大水大肥，追肥量要适中，或将固体肥料溶于水，顺水施肥。尤其不要大量施用未腐熟的有机肥，可以用微生物菌剂发酵鸡粪、猪粪，制成生物菌有机肥。棚内要加大通风量，保持空气流通，防止有害气体累积，还可以叶面喷清水减少气害的发生。

七、韭菜叶片细小

1. 韭菜田肥力不足 肥力不足是导致韭菜叶片越长越小的主要原因。韭菜在生长过程中需要各种营养元素，当养分不足时，会造成生长缓慢、叶片发育不良呈又细又小的现象。遇到这种情况时，应及时施肥，施肥时可加入饼肥。如果是大面积种植户，韭菜是连茬收割，在每次收割后都要施肥一次，建议多施用有机肥，保证以后收割韭菜的品质。每次收割后要施入复合肥和尿素，分批施入，注意施肥均匀，利于韭菜长势均衡。

2. 收割频繁 韭菜种植一次可生长 3～5 年，每年可收割 5～7 茬，如果收割次数过多过勤，韭菜就会出现营养不良，这属于正常现象，就算施肥也无法改变，所以要想保证韭菜的口感和品质，就要相应减少收割次数。韭菜达到收割标准时可以过几天再收割，保证韭菜制造的营养物质往根部积累，为下茬韭菜生长储备营养。

3. 根系生长不正常 根系问题也是造成韭菜叶片细小的一个主要原因，生长年数长会使韭菜根系老化、跳根等，养分吸收能力减弱，生长缓慢或停止，叶片也会变得细小。或者韭菜的生长时间过长，过密造成地下根系纠缠在一起，进而影响叶片生长。

4. 病虫害影响 韭菜主要病虫害是韭蛆、潜叶蝇。韭蛆主要危害韭菜假茎和鳞茎，从而导致叶片细小。潜叶蝇危害韭菜叶片，尤其是韭菜新叶，造成韭菜植株泛黄、萎蔫，地上部死亡，新长出的韭菜叶就会慢慢变细、窄、弱。

第二节　传染性病害及防治技术

所谓植物传染性病害，是由病原真菌、细菌、类菌原体、螺原体、类细菌、病毒、类病毒、线虫和寄生性种子植物等病原生物所引发的病害，具有循序性、局限性、点发性的特点。除病毒和类菌原体病害外，其他传染性病害都有病征。如细菌性病害在病部有脓状物，真菌性病害在病部有锈状物、粉状物、霉状物、棉絮状物等。

由于传染性病害具有传染性，可能造成流行性为害，导致大面积植物生长发育不良、产量降低、品质变劣、甚至死亡，造成严重经济损失。韭菜生产中常见的危害较重的传染性病害有9种，分别是韭菜灰霉病、韭菜疫病、韭菜锈病、韭菜白粉病、韭菜菌核病、韭菜枯萎病、韭菜细菌性软腐病、韭菜萎蔫病毒病、韭菜白绢病。

一、韭菜灰霉病

韭菜灰霉病又称白斑叶枯病，俗称白点病，是由葱鳞葡萄孢菌侵染所引起的真菌性病害。韭菜灰霉病主要危害叶片，发病初期叶面上生有白色、浅灰褐色小点，斑点逐渐扩大成梭形或椭圆形病斑。潮湿时枯叶表面密生灰色至灰褐色茸毛状霉层，发黏。后期病斑互相联合成大片枯死斑，致使叶片枯死。韭菜灰霉病是保护地栽培韭菜的主要病害，常常造成叶片枯死、湿腐、霉烂，严重时减产30％以上。

1. 发病类型及症状

（1）白点型。在叶片的正面和背面生白色或褐色小斑点，由叶尖向下发展，一般正面多于背面，病斑梭形或椭圆形，发病后期互相汇合成斑块，致半叶或全叶枯焦。

（2）干尖型。由割茬刀口处向下腐烂，初呈水渍状，后变淡绿色，有褐色轮纹，病斑扩散后多呈半圆形或 V 形，并向下延伸2～3厘米，呈黄褐色，表面生灰褐色或灰绿色茸毛。

（3）湿腐型。湿度大时，尤其是保护地栽培，枯叶表面密生灰至绿色茸毛状霉，伴有霉味，叶上不生白点，病叶出现湿腐型症状，完全湿软腐烂，表面产生灰霉。

2. 发病规律及传播途径　韭菜灰霉病的露地栽培发病盛期主要在3—5月，保护地栽培发病盛期在11月至翌年3月。在早春温度偏低、多阴雨、光照时数少的年份发病重。在2～3年老韭菜连作地、地势低洼、排水不良的田块发病较早较重。栽培上种植过密、通风透光差、偏施氮肥的田块发病重。特别是保护地春季阴雨连绵、气温低、闭棚时间长、棚内浇水，通风换气不良，极易引发病害。

韭菜灰霉病主要靠病原菌的分生孢子传播蔓延，从气孔或伤口等侵入叶片，引起初侵染。病菌以菌核及含有菌体的病残体在土壤中越冬，也可以分生孢子在鳞茎表面越冬，当温、湿度适宜时，菌核萌发产生子囊孢子或分生孢子，侵染韭菜植株。之后，病原菌在感染的韭菜上繁殖，感病韭菜在收割时，灰霉病菌的分生孢子散落土表再侵染新叶，造成连续为害，在田块内以及不同田块间传播蔓延。病部产生的分生孢子随气流、雨水和农事操作等传播，进行再侵染。

3. 发病原因　该病发生与温、湿度关系密切，4～31 ℃均可发病，菌丝生长适温 15～21 ℃，湿度是诱发灰霉病的主要因素，空气相对湿度在 85% 以上发病重，低于 60% 则发病轻或不发病。另外夜间韭菜受冻，白天高温，同时湿度又大，发病也重。一些韭菜品种易感染灰霉病，在种植之前要做好选种。种植韭菜时间长，品种单一，加上农户轮作意识淡薄，土壤中残留的灰霉病病菌多，病菌繁殖快。氮磷钾肥施入不足，特别是磷、钾肥料用量不足，降低了韭菜的抗病能力。

4. 防治方法

（1）农业防治。

① 加强田间管理。适时除草和培土，促进壮苗的生长。只有植株健壮了才能增强抗病的能力。需要一定时间内清理韭菜收割的残体，用泥土将残体掩埋，减少病菌二次污染。

② 适时通风降湿，防止棚内湿度过大，是防治该病的关键。根据天气变化情况，中午前后将棚膜拉开一条缝隙进行通风降湿，使棚内空气相对湿度降到 70% 以下。通风量依据韭菜长势而定，严禁放底风。

③ 培育壮苗养好茬。控制种植密度，多施有机肥，及时追肥、浇水、除草，养好茬，增强植株抗病能力。

④ 在韭菜行间铺设干稻草，吸收水分、降低湿度、保持地温。

⑤ 品种选择。选择品质优良、对病菌抗性强的品种，从根本上预防和减少韭菜灰霉病的危害。

⑥ 实行轮作倒茬。轮作倒茬可以减少韭菜灰霉病的危害，比如百合科和葫芦科或其他蔬菜轮作种植。这样可以很大程度减少菌源。3～4 年实行一次轮作倒茬。

（2）药剂防治。

① 在韭菜发病初期的傍晚，喷撒 5％ 百菌清粉尘剂，每亩每次用量 1 千克，每隔 10 天 1 次，连续或与其他防治方法交替使用 2～3 次。

② 保护地栽培，发病初期用 10％ 腐霉利烟剂，每亩每次用量 200～250 克，或 45％ 百菌清烟剂，每亩每次用 250 克，分放 6～8 个点，于傍晚点燃闭棚熏蒸。隔 10 天用药 1 次，连续或与其他防治方法交替使用 2～3 次。

③ 撒药土。秋季扣棚后浇水前每亩用 50％ 百菌清可湿性粉剂 1～2 千克拌细土 30～50 千克，均匀撒施。

④ 露地栽培，发病初期每亩用 65％ 乙霉威可湿性粉剂 800 倍液或 50％ 啶酰菌胺水分散粒剂 30～45 克、40％ 嘧霉胺悬乳剂 1 200 倍液、50％ 腐霉利可湿性粉剂 40～60 克、50％ 异菌脲可湿性粉剂 1 000～1 500 倍液，交替使用，隔 7 天用药 1 次，连续防治 2～3 次。

⑤ 其他药剂。如 50％ 木霉菌、哈次·木霉菌、10％ 多氧霉素、25％ 啶菌唑、枯草芽孢杆菌等。

⑥ 不同杀菌剂配方轮换使用。咯菌腈＋克菌丹、啶菌噁唑＋百菌清、啶酰菌胺＋多抗菌素、啶酰菌胺＋克菌丹、啶菌噁唑＋双胍三辛烷基苯磺酸盐。

二、韭菜疫病

1. 发病症状　此病由真菌鞭毛菌亚门卵菌纲烟草疫霉菌侵染所致。病菌主要以菌丝体、卵孢子及厚垣孢子随病残体在土壤中越冬，翌年条件适宜时，产生孢子囊和游动孢子，借风雨或水流传播，萌发后以芽管的方式直接侵入寄主表皮。发病后湿度大时，又在病部产生孢子囊，借风雨传播蔓延，进行重复侵染。韭菜的鳞茎、假茎、叶片、叶鞘、花薹等各个部位都可发病，叶片受害，初为暗绿色水渍状病斑，病部缢缩，叶片变黄凋萎。天气潮湿时病斑软腐，有灰白色霜。叶鞘受害呈褐色水渍状病斑、软腐。鳞茎、根部受害呈软腐。

2. 发病规律及传播途径　韭菜疫病发病需要比较高的温度，适温为 25～32℃，而且要求高湿条件，孢子囊产生要求相对湿度 90%以上，孢子囊萌发要求相对湿度 85%～95%。因此，高温高湿是疫病发生的主要原因。病菌以菌丝体、卵孢子及厚垣孢子随病残体在土壤中越冬，翌年条件适宜时，产生孢子囊和游动孢子，借风雨、气流和农事操作传播，孢子囊或游动孢子萌发后以芽管的方式直接侵入寄主表皮。侵染寄主后发病，湿度大时，又由病部长出孢子囊，进行再侵染。

3. 发病原因 该病发生与温、湿度关系密切，温度高、湿度大是诱发疫病的主要因素，空气相对湿度在 90% 以上发病重，尤其是夏季高温多雨的季节。此外，病地连作、种植过密、韭菜徒长、地势凹凸不平、雨季积水都易造成病害严重发生。种植品种筛选不当、种植时间长、品种单一、加上农户轮作意识淡薄，使土壤中残留的疫病病菌变多，病菌繁殖加快。单质氮肥施用过多，磷钾肥施入不足，营养不均衡，降低了韭菜的抗病能力。

4. 防治方法

（1）农业防治。

① 选用抗病品种。如直立性强的韭宝、绿宝、平丰 8 号、航研 998 等抗病品种。

② 清洁田园。病残体是传播韭菜疫病的主要病源，所以，当叶片感病干枯落地时应及时带出田外，减少菌源。

③ 合理密植。改善田间的通风透光条件，入夏降雨前应摘去下层黄叶，将绿叶向上拢起，以免韭叶接触地面，这样植株之间可以通风，防止病害发生。

④ 下雨前及时用药预防，雨后及时排水。平整土地，及时整修排涝系统，大田栽培注意雨后排水，防止田间积水，避免出现涝洼坑。

（2）药剂防治。发病初期或下雨之前，用 25% 甲霜灵可湿性粉剂 750 倍液或 58% 甲霜灵锰锌可湿性粉剂 400～500 倍液、64% 恶霜·锰锌可湿性粉剂 400 倍液、80% 乙膦铝可湿性粉剂 500 倍液、72% 霜霉威水剂 1 200 倍液、50% 甲霜铜可湿性粉剂 600 倍液喷雾防治，每亩喷药液 50 千克，每隔 5～7 天喷 1 次，连续 3～5 次。

三、韭菜锈病

1. 发病症状　主要侵染叶片和花梗。最初在表皮上产生黄色小点，逐渐发展为纺锤形或椭圆形隆起的橙黄色小疱斑，病斑周围常有黄色晕环，以后扩展为较大疱斑，其表皮破裂后，散出橙黄色的粉末状物，叶片两面均可染病，后期叶及花茎上出现黑色小疱斑，病情严重时，病斑布满整个叶片，失去食用价值。

2. 发病规律　由真菌引起，以夏孢子转移侵染，借助气流传播。温暖而多湿的天气有利于孢子繁殖，尤其毛毛雨或露多雾大天气时较易流行，高温干燥利于传播。品种抗病性差、偏施氮肥过多、天气温暖、湿度大、露多、雾大、种植过密和钾肥不足时发病重。地势低洼、排水不良易发病。

3. 防治方法

（1）轮作。减少菌源累积。合理密植，做到通风透光良好。雨后及时排水，防止田间湿度过高。采用配方施肥技术，多施磷钾肥，提高抗病力。

（2）收获时，尽可能低割，注意清洁畦面，喷洒 45％微粒硫黄胶悬剂 400 倍液。

（3）发病初期及时喷洒 15％三唑酮可湿性粉剂 1 500 倍液或 20％三唑酮乳油 2 000 倍液。隔 10 天左右喷 1 次，防治 1～2 次。注意采收前 20 天停止用药。

（4）其他农药有甲基硫菌灵、烯唑醇、醚菌酯＋百菌清、枯草芽孢杆菌、苯醚甲环唑等。

四、韭菜菌核病

1. 发病症状　由真菌子囊菌亚门核盘菌属核盘菌侵染引起。主要为害叶片、叶鞘或茎基部，初变褐色或灰褐色，后腐烂干枯，田间可见成片枯死株。病部可见棉絮状菌丝缠绕及由菌丝纠结成的黄白色至黄褐色或茶褐色菜籽状小菌核。

2. 发病规律　病菌喜低温、高湿环境，发病最适宜气候条件为温度 15～20℃，相对湿度 85 ％以上。露地栽培韭菜菌核病的主要发病盛期为 3—4 月。韭菜菌核病的感病生育期在成株期至采收期。地势低洼、土壤黏重、积水严重、雨后受涝、偏施氮肥、过度密植的田块发病重。通常雨水频繁的年份或季节发病重。在寒冷地区，主要以菌丝体和菌核随病残体遗落在土中越冬。翌年条件适宜时，菌核萌发产生子囊盘，子囊放射出子囊孢子进行初侵染，借气流传播蔓延或病部菌丝与健株接触后侵染发病。在南方温暖地区，病菌有性阶段不产生或少见，主要以菌丝体和小菌核越冬。翌年小菌核萌发伸出菌丝或患部菌丝通过接触侵染扩展。

3. 防治方法

（1）选择种植抗病品种，并与非寄主植物实行轮作。定植田应选择肥沃、有机质含量丰富的田块，定植前施足底肥。

（2）合理密植，做好水肥管理。注意种植地排灌系统，防止积水和受涝。合理密植。勤施少施肥料，避免偏施氮肥。定期喷施叶面肥，促进植株稳生稳长，缩短韭菜收割周期，改善株间通透性，有助于减轻发病。

（3）及时喷药，预防控病。每次收割韭菜后至新株抽生期开始喷药预防。可喷施 75％百菌清可湿性粉剂 800 倍液、50％腐霉利可湿性粉剂等针对性药剂 2～3 次或更多，隔 7～10 天喷 1 次。交替施用，前期勤喷，后期喷药间隔期可延长，着重喷植株基部。

五、韭菜软腐病

1. 发病症状 韭菜软腐病，是洋葱假单胞菌，属细菌。主要危害叶片及茎部。保护地栽培发病在 1—3 月，露地栽培发病在 3—4 月。发病初期外侧茎叶生长不良，逐渐萎蔫，向内侧卷曲腐烂，腐烂叶片易折断，影响新叶展开，生长受阻，严重的叶片和鳞茎全部腐烂。假茎染病，其茎基部软化腐烂，并渗出黏液，散发恶臭，严重时成片倒伏死亡。

2. 发病规律及传播途径 温暖多湿、降雨频繁的季节容易发病，常年连作、低洼积水、土质黏重的田块发病重。

病原细菌主要随病残物遗落在土中或在未腐熟的堆肥中越冬。南方菜区，寄主作物到处可见，田间周年都有种植，侵染源多，病菌可辗转传播为害，无明显越冬期。在田间借雨水、灌溉水溅射及小昆虫活动传播蔓延，从伤口或自然孔口侵入。

3. 防治方法

①选择抗病品种，如韭宝、航研 998、平丰 22 号等。②选用疏松透气性好的壤土或沙壤土地块，调整土壤 pH。③及时清洁田园，清除病株。④栽培深度合理，栽培过深易感病。⑤土壤消毒处理。发现病株应及时挖出并移出田外，撒生石灰。⑥药剂防治，可选用 70％氢氯化铜可湿性粉剂 600 倍液、3％中生菌素可湿性粉剂 1 000 倍液等灌根防治，每 7～10 天用药 1 次，连续 3～4 次。

第三节　韭菜虫害及防治技术

韭菜生产中常见的危害较重的害虫有 13 种，它们是韭蛆、斑潜蝇、种蝇、蓟马、蜗牛、蚜虫、刺足根螨、韭螟、黄条跳甲、盲蝽、蝼蛄、蛴螬、地老虎。

一、韭菜迟眼蕈蚊（韭蛆）

1. 危害症状　韭菜迟眼蕈蚊，属双翅目眼蕈蚊科，尤喜食韭菜，其幼虫俗称韭蛆，是造成韭菜减产和农药残留超标的主要原因之一。主要危害韭菜、大葱、洋葱、小葱、大蒜等蔬菜，是葱蒜类蔬菜的主要害虫之一。虫态有成虫、卵、幼虫、蛹，以幼虫聚集在韭菜地下部的鳞茎和柔嫩的茎部为害。初孵幼虫先为害韭菜叶鞘基部和鳞茎的上端。春、秋两季主要为害韭菜的幼茎引起腐烂，使韭叶枯黄而死。冬季幼虫向下活动蛀入鳞茎，重者鳞茎腐烂，整墩韭菜死亡。

2. 形态特征　成虫：体小，体长 4～6 毫米，全身黑色。触角 16 节，复眼在触角上连成细"眼桥"，有 3 个单眼。胸部背面隆起，足的胫节末端有棘。前翅前缘及亚前缘脉较粗。足细长呈褐色。腹部圆筒形细长，向末端渐细，8～9 节。雄蚊腹部末端具一对铗状抱握器。卵：长椭圆形，白色，长 0.17～0.24 毫米。幼虫：体细长，白色线状小蛆，体长 0.4 厘米左右，无足，全身乳白色，口器很小，半透明，头部黑色，属全头式。蛹：裸蛹，长椭圆形，羽蛆为黄白色，羽化前呈灰黑色或红褐色，头为铜黄色，有光泽。

3. 发生规律 韭菜迟眼蕈蚊一年发生 4~5 代，一般 11 月中下旬第 5 代幼虫在韭菜的地下根茎或鳞茎周围土中群集于 3~5 厘米表土层越冬，翌年 2 月下旬开始化蛹，3 月上旬开始出现羽化成虫，3 月中旬为羽化高峰，3 月中下旬为第 1 代幼虫发生高峰期，以后近 1~2 个月发生一代。

韭菜迟眼蕈蚊属喜温性害虫，抗高温、干旱和暴雨能力弱，成虫喜在阴湿弱光环境下活动，以 9—11 时最为活跃，为交尾盛时，16 时昼夜均能产卵，卵产于地表土块下或韭菜鳞茎和叶鞘内，大多块产，少数散产，产卵量 100~300 粒不等，一般 200 粒左右。幼虫有群集危害的特征，一般在土下 2~10 厘米处活动，咬食鳞茎或地下茎叶，使植株枯萎死亡，老熟后在鳞茎或根部化蛹。一般沙性土危害严重，成虫不擅飞翔，迁飞距离短，所以发生危害呈区域性，远距离传播往往由蒜头、泥韭、带土的葱等将虫卵、幼虫或蛹夹带至新发生地。每年的 3—6 月和 9—11 月虫量最多，呈春、秋两个危害高峰期。春、秋两季主要危害韭菜的幼茎，引起腐烂，严重的使韭叶枯黄而死。夏季的 7—8 月，因幼虫不耐高温干旱和暴雨，幼虫发育最适气候条件为温度 18~25℃，土壤含水量 5%~20%。幼虫在 31℃时就滞育，特别是沙质土，土壤受阳光照射升温快，而暴雨又易使土壤板结，均不适于幼虫生长发育，所以田间虫量少，危害也轻。11—12 月韭蛆危害较重，韭蛆寒冷天气多在土壤深层鳞茎顶端危害，造成顶芽坏死，不能萌发，死苗，造成严重的缺苗断垄现象。

4. 防治方法

（1）科学施肥。要施用充分腐熟的有机肥料，在成虫发生盛期不要泼浇未腐熟的人粪尿，施肥要做到开沟深施覆土。

（2）灌水防治。在早春或秋季幼虫发生时，连续灌水 2~3 次，每天早、晚各灌 1 次，灌水以淹没垄背为准，使根蛆窒息死亡，能减轻危害。

（3）剥韭法防治。用竹签剥开植株根系周围的土壤进行晾晒，营造干燥环境，可降低幼虫孵化率和成虫羽化率，减轻危害。剥韭土的时间以早春地面表土未完全解冻为宜，宁早勿晚。对于 3 年生以上的穴栽韭菜，最好在土壤消冻后，韭苗开始萌发前进行"剔韭"。其方法是，先用锄头把韭根周围的土深扒 6～8 厘米，露出根茎部分，再用比较尖硬的工具把韭菜株与株之间的土掘出，晾晒 1～2 天，将韭菜植株由四周向中间挤压合拢，然后进行培土。这样做不仅可以使韭菜株与株之间的土壤变得疏松，还可以改良土壤的理化性状，增加土壤的透气性，有利于韭菜根系发育，使植株生长健壮，有效提高产量。而且，经过剔韭，还可以使在韭菜根部周围深层土壤中越冬的韭蛆因暴露于空气中而受冻致死，这比用药剂防治的效果更好。

（4）浇灌氨水。氨水是一种液体氮素化学肥料，除了作肥料外，还有很好的防治韭蛆的作用。在韭菜头茬收割后 2～3 天，用 3％的氨水均匀灌根，可有效减轻韭蛆危害。

（5）糖醋液诱杀成虫。用糖：醋：酒：水按 3：3：1：10 的比例加入 1/10 的 90％晶体敌百虫配成混合液，分装在瓷制容器内，每亩均匀放置 10 个，可有效诱杀成虫，5～7 天更换 1 次，隔日加 1 次醋液。

（6）黄、黑板诱杀和预测预报。韭菜田间张挂黄板或黑板，每亩悬挂 40 块，黄板悬挂的高度是黄板下沿稍高于韭菜叶尖，可有效杀死部分成虫，又可预测成虫发生规律做到有效防治成虫。

（7）覆膜法。针对韭蛆不耐高温的特点，4—6 月割去地上部，在地面铺上透明保温 0.08～0.10 毫米的无滴膜，让阳光直射到膜上，提高膜下土壤温度。当韭蛆幼虫所在的土壤温度超过 40℃，且持续 3 小时以上，则可将其彻底杀死虫卵和韭蛆。

（8）药剂防治。在成虫羽化盛期喷洒 50％氯氰菊酯乳油 3 000 倍液，9—10 时施药效果最好。在幼虫危害盛期，当韭菜叶尖开始变黄、变软，逐渐向地面倒伏时，可用 50％辛硫磷乳油 1 000 倍液灌根防治或 80％敌百虫可溶性粉剂 1 000 倍液、48％地蛆灵乳油 1 000 倍液灌根，可先将韭墩边的土耙开，用喷雾器卸去喷头喷灌。施药后 10 天为割韭安全期。保护地韭菜栽培，应在扣膜前把植株根扒开，晾晒 7 天，可冻杀部分越冬幼虫，随后灌 1 次药，效果更佳。也可使用其他药剂：噻虫胺、噻虫嗪（阿克泰）、氟啶脲、毒·氯、高效氯氟氰菊酯、苦参碱、印楝素、灭蝇胺、灭幼脲、吡虫啉、藜芦碱、联苯菊酯、苏云金杆菌、溴氰菊酯、氰戊菊酯、呋虫胺等。

二、斑潜蝇

又称韭菜潜叶蝇、葱潜叶蝇、夹叶虫、叶蛆，主要危害葱、洋葱、韭菜等蔬菜。

1. 危害症状 潜叶蝇以雌成虫和幼虫危害各种寄主植物，幼虫潜食寄主叶片是其主要的危害形式。潜叶蝇幼虫主要危害韭菜叶鞘包裹的嫩叶、新叶等部位，以幼虫潜叶危害，在叶肉中曲折穿行潜食叶肉，形成隧道。幼虫在隧道内能自由进退，并在叶鞘内外迁移危害部位，导致韭菜叶片基部的输导组织被破坏，造成韭菜老叶枯黄、新叶不能萌发，使整株韭菜不能萌发新叶而变黄干枯，影响品质，降低产量，甚至韭叶干枯死亡，仅留部分叶鞘，造成绝收。成虫活泼，飞翔于韭株间或栖息于叶端。潜道的存在降低了叶片的光合作用，被潜食组织与未受害叶片相比净光合率下降了62%，影响韭菜的产量和品质，降低商品价值，严重时可导致叶片枯萎、脱落。雌成虫以产卵器刺入叶片，在叶片上形成刻点（取食孔、产卵孔），也对植物造成一定伤害，特别是在较幼嫩的叶片上形成刻点后，在高温时易形成坏死斑。

2. 形态特征 成虫：体长2.2~3.5毫米，头部黑褐色，头小，头顶两侧有黑纹；复眼大，红褐色，单眼三角区黑色，周缘黄色，背面左右相连成"眼桥"。触角黄色丝状，芒褐色。胸部隆起，黑色有绿晕，上被淡灰色粉。肩部、翅基部及胸背部的两侧淡黄色。小盾片黑色，腹部黑色，各关节处淡黄色或白色。足黄色，基节基部黑色，胫节、跗节黄色，跗节先端黑褐色。翅2对，翅脉褐色，平衡棍黄色。幼虫：体长4毫米，宽0.5毫米，淡黄色，细长圆筒形，尾端背面有后气门突1对。体壁半透明，绿色，内脏从外面隐约可见。蛹：长2.8毫米，宽0.8毫米，褐色，圆筒形略扁，后端略粗。

3. 发生规律 潜叶蝇种类较多，危害的寄主也较广。蔬菜中常危害豆类、茄果类、十字花科蔬菜及大葱、韭菜等。一年发生4~5代。以蛹在受害株附近表土中越冬，翌年4月下旬成虫始发，5月上旬进入成虫羽化盛期。白天交尾产卵，5～6 天幼虫孵化并开始为害，幼虫期 10～12 天，幼虫老熟后入土化蛹，蛹期 12～16 天，越冬蛹 7 个月，每头雌虫一年可产卵 40～120 粒。

4. 防治方法

（1）秋翻地，及时锄草，安排轮作，减少虫源。收获后，及时清除残叶残枝集中烧毁，以减少虫源。

（2）成虫发生期，用黄板胶诱杀。每亩 40～50 片，均匀安放胶板并高出植物 10 厘米。

（3）网捕成虫。采用 78 厘米×35 厘米规格的捕虫网，大棚内扫完一次只需 5 分钟，可捕捉成虫。可连续捕 10 分钟以上。

（4）药剂防治幼虫。如用 10%吡虫啉乳油 1 000～1 500 倍液或 10%灭蝇胺悬乳剂 1 500 倍液、20%阿维·杀虫单乳剂 1 500 倍液。以上药剂，在幼虫发生期任用一种，可 7～10 天喷 1 次，连续喷 2～3 次。还可选用咪蚜胺、噻虫嗪、阿维菌素、炔螨特、灭幼脲等农药。

三、种蝇

1. 危害症状　幼虫蛀入韭菜假茎和鳞茎，引起腐烂、叶片枯黄、萎蔫，甚至成片死亡，造成缺苗断垄。

2. 形态特征　成虫：前翅脊背毛极短小，长度不及盾间沟后背中毛的 1/2。雄蝇两复眼间额带最狭窄部分比中单眼狭。后足胫节的内下方中央，为全胫节长的 1/3～1/2，具成列稀疏而大致等长的短毛。雌蝇中足胫节的外上方有两根刚毛。老熟幼虫：腹部末端有 7 对突起，各突起均不分叉，第 1 对高于第 2 对，第 6 对显著大于第 5 对。

3. 发生规律　在华北地区年发生 3～4 代，以蛹在土中或粪堆中越冬。5 月上旬成虫盛发，卵成堆产在韭菜鳞茎和周围 1 厘米深的表土中。卵期 3～5 天，孵化的幼虫很快钻入鳞茎内为害。幼虫期 17～18天。老熟幼虫在被害株周围的土中化蛹，蛹期 14 天左右。

4. 防治方法　①施用充分腐熟的有机肥或饼肥，以减少种蝇的发生。②加强肥水管理，控制蛆害。③成虫盛发期后 10 天内，为卵和幼虫防治适期。防治成虫可用 10%吡虫啉乳油 1 000～1 500 倍液或 10% 灭蝇胺悬乳剂 1 500 倍液，7～10 天喷 1 次，连续喷 2～3 次。收获前 10 天停止用药。其他用药可参照潜叶蝇防治。

四、蓟马

1. 危害症状 主要危害葱、韭、蒜，其次危害茄科蔬菜。成虫、若虫主要以锉吸式口器锉破韭菜叶的表皮，然后将喙管插入伤口，吸取韭菜心叶和幼嫩部位叶的汁液，留下细小的灰白色长条形斑块。影响叶片的光合作用，致使韭菜产量减少，商品品质降低。蓟马以成虫和若虫危害韭菜的幼嫩组织部位，叶面受害后形成针刺状零星或连片的银白色斑点，严重时叶片扭曲变黄、枯萎，远看韭田发生"旱象"，严重影响韭菜品质和产量。

2. 形态特征 成虫：体长 1.2～1.4 毫米，宽 0.2 毫米，淡褐色或褐色，细长扁平。触角 7 节，与身体同色。单眼 3 个，排成三角形。2 对翅细而狭长，翅脉稀少，翅的周缘具长缨毛。卵：长 0.29 毫米，初期肾形，乳白色，后期卵圆形，黄白色，可见红色眼点。若虫：共 4 龄，各龄体长分别为 0.3～0.6 毫米、0.6～0.8 毫米、1.2～1.4 毫米及 1.2～1.6 毫米，发育到 4 龄呈橘黄色。

3. 发生规律 蓟马在温室恒定温度下一年可发生 15～20 代。危害盛期世代重叠严重。成、若虫白天栖息在叶片背面，行动迅速。常把卵产在叶片组织里，卵期 7～10 天。若虫在叶片上危害 7 天左右，然后钻入表土 0.5～1 厘米进行蜕皮。7～10 天后羽化为成虫，成虫寿命 7～10 天。

4. 防治方法

（1）严防蓟马持续循环危害。早春清除田间杂草和蔬菜残株落叶，集中烧毁或深埋。勤浇水消灭地下若虫和蛹。定植前做好灭虫工作，同时防止人为传入蓟马。

（2）提高植株抗性。加强田间肥水管理，促使植株健壮生长，提高抗性。

（3）利用蓝色粘虫板诱杀。蓟马对蓝色有强烈趋性，可在近地面处每亩设置 40～60 块 15 厘米×20 厘米的蓝色粘虫板，每隔 7～10 天清除一次粘虫板上的蓟马并补刷机油。

（4）根据蓟马生活习性用药。蓟马繁殖快，1～2龄在地上部危害，2龄后入土化蛹羽化，羽化后成虫再次危害地上部。因此在防治时要地上与地下同时进行，在蓟马大发生时可结合浇水冲施杀蓟马的农药，以消灭地下的若虫和蛹。

（5）选准施药部位。蓟马晴天喜欢隐藏在叶背，根据这一特性喷药重点是叶背及生长点等部位。

（6）科学交替用药。蓟马发生初期，每株有虫3～5头时，利用早晨或傍晚蓟马多潜伏叶背时及时用药防治。可用10％吡虫啉乳油1 000～1 500倍液或2.5％高效氯氟氰菊酯乳油2 500倍液、10％氯氰菊酯乳油2 000倍液喷雾防治。还可选用阿维·杀虫单、啶虫脒、吡虫啉、多杀菌素、乙基多杀菌素、螺虫乙酯等喷雾防治。为提高防治效果，再加入等量的增效剂（如消抗液）等。每5～7天喷1次，连喷2～3次。施药时间最好选择9—10时，为延缓抗药性的产生，每种药物最多连续不能超过2次。

五、蜗牛

1. 危害症状　蜗牛也称蛞蝓，为杂食性害虫，属腹足纲陆生动物。能危害甘蓝、白菜、萝卜等十字花科蔬菜，以及豆科、茄科和瓜类等绝大多数蔬菜的苗与果实。蜗牛主要利用舌面上的尖齿刮食蔬菜叶片及果实，形成缺刻或孔洞，影响产量和外观品质。特别是韭菜制种田，生长期长、行间密闭、潮湿，为蜗牛的大量发生提供了有利的条件。近年来韭菜田蜗牛危害逐年加重，严重影响韭菜的品质。蜗牛初孵幼虫仅食叶肉，留下表皮，稍大后用齿舌刮食叶、茎，造成孔洞或缺刻，严重者将苗咬断，造成缺苗断垄。据多点调查，一般发生地段产量损失在4％～8％，严重发生时减产达20％以上。蜗牛还会刮食幼苗嫩茎，造成缺苗断垄，是保护地蔬菜育苗期的重要有害生物。此外，蜗牛爬行时在韭菜（或果实）上留下的黏液及排泄的粪便，不但影响光合作用，导致减产，还影响蔬菜的外观品质。

2. 形态特征　成虫：贝壳中等大小，壳质厚，坚实，呈扁球形。壳高12毫米、宽16毫米，有5～6个螺层，顶部几个螺层增长缓慢，略膨胀，螺旋部低矮，体螺层增长迅速、膨大。壳顶钝，缝合线深。

壳面呈黄褐色或红褐色，有稠密而细致的生长线。体螺层周缘或缝合线处常有一条暗褐色带（有些个体无）。壳口呈马蹄形，口缘锋利，轴缘外折，遮盖部分脐孔。脐孔小而深，呈现洞穴状。个体之间形态变异较大。触角2对，暗黑色，外套膜为体长的1/3，其边缘卷起，上有明显的同心圆生长线，黏液无色。卵：圆球形，直径2毫米，乳白色有光泽，渐变淡黄色，近孵化时为土色。

3. 发生规律 蜗牛畏光怕热，昼隐夜出，白昼多隐藏在阴暗、潮湿、多腐殖质的菜园、石块和落叶等处，夜晚及雨天外出活动、觅食和繁殖，夏季午夜活动最盛。它食性杂，尤喜幼嫩多汁的植物及地衣菌类，危害蔬菜瓜果和花生、棉花的枝叶。多雨潮湿有利于发生，此时昼夜均能黏附在基叶上为害。一年发生1代，以成虫和幼虫越冬，越冬场所多在潮湿的阴暗处。翌年3月初逐渐开始取食，4—5月是成虫交配产卵的季节，也是严重危害期。进入夏季高温干旱季节或遇到不良气候条件，蜗牛便隐藏在根部或土下，常分泌黏液形成蜡状膜封住壳口，暂时不吃不动。干旱季节过后又恢复活动，继续危害，最后转入越冬状态。以成体、幼体越冬，春秋季在杂草枯叶上产卵，产卵时喜在夜间活动危害，黄昏后陆续从土下爬出觅食，天亮前潜入土下或作物根部。

4. 防治方法

（1）物理防治。①种植前彻底清除地边田间及周边杂草、石块和杂物等可供蜗牛栖息的场所。采用园艺地布覆盖栽培，有利韭菜生产，可明显减轻蜗牛危害。②利用蜗牛在浇水后、雨后、清晨、晚间、阴天爬出取食活动的习性，人工用铁丝串捉。③除草松土，使部分卵块暴露于日光下晒裂或被天敌啄食。④在沟边、苗床或作物行间于傍晚撒石灰带或在危害区地面撒草木灰，每亩用生石灰7~7.5千克。阻止蜗牛危害叶片，因蜗牛爬过后粘有石灰或草木灰就会失水而死亡。⑤诱杀。堆草诱杀，人工捕捉。收割绿肥后，可每隔150厘米放置一小堆绿肥，每日清晨翻开绿肥堆，即可捕捉大量蜗牛，也可于傍晚撒菜叶作诱饵，翌晨揭开菜叶捕杀。

（2）化学防治。①撒毒土。种子发芽时或苗期，在雨后或傍晚每亩用6％四聚乙醛颗粒剂0.5~0.6千克，拌细沙5~10千克，均匀撒施。撒施在蜗牛出没的地面效果比较好，但一定要避免长期使用单一种类农药。也可用白菜叶等拌上述农药进行诱杀。②喷洒防治。施用四聚乙醛毒饵诱杀，对蜗牛有强烈引诱作用。用四聚乙醛 0.3 千克、饴糖（或砂糖）0.1 千克、砷酸钙 0.3 千克混合后，再拌磨碎的豆饼 4 千克即可，拌时应加入适量的水，使毒饵呈颗粒状。傍晚时撒在草坪中，夜间蜗牛外出活动，食后即中毒死亡。每亩用 5～7.5 千克的生石灰粉或 3～5 千克茶枯粉撒在韭菜行间、沟边、地头，形成隔离带，防止蜗牛蔓延发生。用四聚乙醛配成含有效成分 2.5%～6% 的豆饼或玉米粉毒饵，傍晚撒施田间诱杀。当清晨蜗牛未潜入土时，用硫酸铜 800～1 000 倍液或 1% 食盐水喷洒，防治效果可达 80% 以上。发现蜗牛危害，及时用 90% 晶体敌百虫 1 500 倍液叶面喷雾，或每平方米施用 10% 四聚乙醛颗粒 1.5 克诱杀。

（3）生物防治。①鸡鸭啄食。有条件的地方可放养鸡鸭等动物，啄食成螺、幼螺及螺卵效果较好。但要注意作物的幼苗期，以防得不偿失。②保护和利用天敌。如步行虫、蛙、蜥蜴等。

六、蚜虫

蚜虫是韭菜上的害虫之一，俗称腻虫，为同翅目刺吸式口器害虫。蔬菜上的蚜虫主要有桃蚜、萝卜蚜、瓜蚜、甘蓝蚜、豆蚜等。

1. 危害症状　蚜虫主要以若虫和成虫吸取韭菜汁液，并以虫体及其分泌物污染韭株，初期集中在植株分蘖处，虫量大时布满全株。轻者致使叶片畸形，植株早衰，严重时可导致韭丛枯黄萎蔫，成片倒伏。该虫发生时繁殖极快，应做好早期防治。

2. 形态特征　无刺胎雌蚜体长 1.5～1.9 毫米，夏季黄绿色，春秋墨绿色。触角第 3 节无感觉圈，第 5 节有 1 个，第 6 节膨大部分有 3～4 个，表皮被薄蜡粉。尾片两侧各具毛 3 根。

3. 发生规律　华北地区一年发生 10 余代，以卵在越冬寄主上或以成蚜、若蚜在温室内蔬菜上越冬或继续繁殖。蚜虫生活最适宜温度为 18～25 ℃，相对湿度为 80%。温度过高，相对湿度过低，均不利其生长、繁殖，短期内会大量死亡。春秋两季繁殖最快，夏季高温多雨，受雨水、天敌干扰，繁殖数量较少。

蚜虫的主要特点是种类庞杂、个体较小、繁殖能力快和分布范围广。蚜虫主要分布在蔬菜的叶背和幼茎生长点，主要以吸取汁液为食，致使叶片弯曲变形，有的会变黄，产生虫洞，严重危害植物的生长。其中蚜虫分泌的蜜露可以诱发多种病害感染，使植物不能正常开花结果。而蚜虫又是病毒的传播者，对蔬菜的产量影响很大。早期蚜虫的数量增长较慢，随着气温的上升，春末夏初时形成第 1 个危害高峰期。经过高温雨季，天敌增多，食粮缺乏，秋季蚜虫又开始逐渐增多，形成第 2 个危害高峰期。

4. 防治方法

（1）农业防治。

① 清洁栽培场所。及时清洁园田，清除菜田附近杂草，不留上茬作物的植株残骸，从而可防止蚜虫寄生，从根源进行防治。

② 黄板诱蚜。黄色对于蚜虫有很大的引诱力，在培植韭菜时可以制作大小不同的黄色纸板，将蚜虫全部引诱过来，并在纸板上喷灭杀蚜虫的药物，使蚜虫在黄板上接触到药物后立即死亡。当黄板上的蚜虫较多时，要更换新的黄板。利用黄板诱杀蚜虫减少了对蔬菜进行农药喷洒的危害，而且经济实惠、操作简单，是灭蚜的首要选择。

③ 利用天敌。要科学使用天敌来消灭蚜虫，蚜虫的天敌主要有七星瓢虫、异色瓢虫、食蚜蝇和蚜霉菌等。在田间如果发现这些昆虫，要进行适当保护。当蚜虫危害较大时，在进行防治时也要注意药品的使用，在植物的部分区域进行喷洒。

④ 越冬消灭虫源。一般在冬季来临之前，蚜虫都会依附在菜田附近的枯草或者韭菜收割后的杂草里。所以在冬季或冬季到春季的这段时间，要彻底铲除过剩的杂草，剿灭蚜虫的生存地点，提高防治效果。

（2）药剂防治。

① 蚜虫初期防治。要以灭蚜和防治病毒病为主，应在蚜虫发生初期彻底消灭，把蚜虫消灭在迁飞传毒之前。可选用 10％吡虫啉可湿性粉剂 3 000 倍液与 2.5％高效氯氟氰菊酯乳油 1 500 倍液混合药液进行喷雾消灭。

② 生长期防治。以生产无公害蔬菜和保护利用天敌为出发点，在韭菜生长期应尽量减少喷药次数。若蚜虫发生严重时，仍需进行必要的化学防治，可选用1％印楝素水剂800倍或1.8％阿维菌素乳油2 000倍液、10％吡虫啉可湿性粉剂3 000倍液喷雾防治。

③ 留种田防治。可选用10％吡虫啉可湿性粉剂3 000倍液或20％啶虫脒可湿性粉剂5 000倍液喷雾防治。

七、刺足根螨

1. 危害症状　刺足根螨又称韭菜黑根病，受害的地下茎呈黑色而腐败，受害处随根蛹的增殖不断向四周及内部组织深处蔓延，导致地上部叶片细小、发黄、生长缓慢甚至枯死。

2. 形态特征　刺足根螨，属真螨目粉螨科。成虫宽卵圆形，体长0.6～0.9毫米，乳白色，足浅红褐色，幼虫3对足，若虫和成虫4对足。卵白色，椭圆形，长约0.2毫米。

3. 发生规律　刺足根螨年发生9～18代，两性生殖。在相同的高湿下，温度18.3～24 ℃时，完成1代需17～27天；温度20～26.7 ℃时，只需9～13天。雌螨交配后1～3天开始产卵，每雌平均产卵200粒。卵期3～5天。1龄和3龄若螨期，遇到不适条件时，体形变小。以成螨在土壤中越冬。该病害先从茎基部开始发生，发病时，易引起基部发黑腐烂，进而引起叶片枯黄、白化，造成死棵，而且发病部位有明显臭味，经过镜检，病部有刺足根螨集中危害，发黑部位由较多的腐生菌造成，无致病菌，但易引发韭蛆危害，并造成该病的快速传播。

4. 防治方法

（1）农业防治。

① 深耕、合理施肥。针对酸性土壤施入生石灰80～100千克，将土壤pH调至中性。

② 选择无病韭菜根，种植前做好检测工作，剔除带螨韭菜根。合理轮作，尽量避免根螨寄主作物连作，可与瓜类、豆类轮作，减少虫源，减轻刺足根螨的发生。

③ 在阳光下暴晒可减轻危害。严防刺足根螨持续循环危害。

125

④ 韭菜收割后的残体要集中堆放，集中处理，最大限度地消灭刺足根螨。

⑤ 早春清除田间杂草和韭菜残株落叶，集中烧毁或深埋。勤浇水消灭地下若虫和蛹。定植前做好灭虫工作，同时防止幼苗等带入。

（2）化学防治。

① 预防螨虫的药剂以触杀性药剂为主，虫害发生初期，可用3%氯唑磷（米乐尔）每亩2.5千克根部撒施，或1.8%阿维菌素乳油、20%哒螨灵乳油1 000～1 500倍液喷于基部，防治效果明显。

② 韭菜根在种植前用1.2%烟参碱乳油800～1 000倍液或73%哒螨灵乳油2 000倍液喷洒，晾干后栽种，能杀死大量根螨。或将韭菜根在上述任何一种药剂稀释液中浸10～15分钟，然后晾干种植，均有很好的效果。

八、韭螟

1. 危害症状　属鳞翅目夜蛾科害虫，主要以幼虫危害。幼虫在韭菜花序未散苞前蛀入花苞内，取食花蕾。花苞散开后，幼虫已进入化蛹阶段，结茧引丝缠绕小花，筑巢危害，咬断一部分花梗，使被缠绕的小花不能正常开放，影响种子产量，严重时可使种子绝收。此外，幼虫还可吐丝坠落叶面，蚕食叶肉。

2. 形态特征　成虫：淡黄色螟蛾，翅展0.8～1厘米，前后翅布有淡褐色小点。卵：圆形，乳白色。幼虫：黄绿色，两头尖，体长1.1厘米左右。蛹：褐色，长约0.7厘米。

3. 发生规律　韭螟为韭菜花期害虫，发生代数不详。以老熟幼虫在土中的丝茧内越冬，7月上中旬成虫羽化，开始产卵，卵大多数散产于花苞顶部。初孵幼虫蛀入苞内危害，受害花苞不易开苞，整个幼虫期均在苞内，然后吐丝、结茧、化蛹。以7～9月危害最重。部分幼虫也能危害叶片，将两片叶用丝连一起从中取食。高温干旱时发生严重。

4. 防治方法

（1）清洁田园。韭菜采种后及时收割老韭菜，并清除田间和田边杂草及枯叶，集中带出田外深埋或烧毁。

（2）人工捕捉。花序初散苞时，在幼虫围巢初期人工捕捉蛀入花苞内的幼虫。

（3）药剂防治。抓住成虫盛发期和卵孵化前期的有利防治时机，用90％晶体敌百虫800倍液或50％杀虫螟松乳油1 000倍液、20％杀灭菊酯3 000～4 000倍液，7～10天喷洒1次，连续2～3次可有效防治韭螟。

九、黄条跳甲

黄条跳甲又名土跳蚤、地蹦子，危害蔬菜的主要有4种：黄曲条跳甲、黄直条跳甲、黄狭条跳甲、黄宽条跳甲。

1. 危害症状　黄曲条跳甲为世界性害虫，分布最广，危害最重。它的成虫和幼虫都能危害，成虫危害时把叶片咬成许多孔洞，咬食叶肉留下表皮，形成许多透明小孔，还可危害嫩茎和花蕾。幼虫主要生活在土中，取食韭菜地下假茎，在假茎的表面蛀成许多弯曲的管道，使地上部逐渐变黄、萎蔫直至死亡。

2. 形态特征　成虫：体长1.8～2.4毫米，体黑色有光泽，翅中央有一黄色曲条，两端宽，中间窄，其外侧中部凹曲颇深，内侧中部直形，仅前后两端向后弯曲，后足腿节膨大，适于跳跃。卵：长约0.3毫米，椭圆形，淡黄色，半透明。幼虫：长圆筒形，约4毫米，头部、前胸背板淡褐色，胸腹部黄白色，各节有突起的肉瘤，上生有细毛。蛹：长2毫米，椭圆形，乳白色，头部隐于前胸下翅芽和足达第5腹节，胸部背面有稀疏的褐色刚毛。腹末有1对叉状突起，叉端褐色。

3. 发生规律　一年可发生4～7代。以成虫在落叶、杂草、土隙中越冬。翌年春季当气温达10℃时，开始活动取食。成虫善于跳跃，飞翔力也强，有趋光性。在中午前后温度较高时活动最盛。卵多产在湿润的表土层，或韭菜根茎基部。幼虫孵化后，向假茎处移动，啃食表皮，造成植株生长不良，严重时全株枯萎死亡。秋季重于春季，湿度大的菜田重于湿度小的菜田。老熟幼虫多在3～7厘米深的土中化蛹。

4. 防治方法

（1）农业防治。在播种前或移栽前7～10天，深耕晒垄，改变幼虫的生存环境条件，减少虫源，并有灭蛹作用。在韭菜收获期，要及时清除残株落叶和田间杂草，均可减轻危害。

（2）药剂防治。在成虫盛发期，用90％晶体敌百虫800倍液，或0.5％甲氨基阿维菌素苯甲酸盐乳油800～1 000倍液或5％氟虫脲乳油1 500倍液从菜田四周喷洒起，逐渐向田中围喷，以防成虫跳往相邻田块，5～7天1次，3～4次即可。

十、盲蝽

盲蝽有黑、红两色，因善于跳跃，又名"黑红猴"。

1. 危害症状　盲蝽常聚集、潜藏在韭菜丛中危害，使叶片呈现许多白点，不能进行光合作用。新定植韭菜一经危害便逐渐死亡。天气越干旱，发生危害越重。它还可危害大葱、大蒜等。

2. 形态特征　盲蝽体形很小，若虫和成虫都能危害，若虫呈红色，成虫呈黑色。

成虫：体长5毫米、宽2.2毫米，绿色，密被短毛。头部三角形，黄绿色，复眼黑色突出，无单眼。触角4节丝头，较短，约为体长的2/3，从第1节向端部颜色渐深，第1节黄绿色，第4节黑褐色。前胸背板深深绿色，布许多小黑点，前缘宽。小盾片三角形微突，黄绿色，中央具1条浅纵纹。前翅膜片半透明暗灰色，绿色。足黄绿色，胫节末端、跗节色较深，后足腿节末端具褐色环斑，雌虫后足腿节较雄虫短，不超腹部末端，跗节3节，末端黑色。卵：长1毫米，黄绿色，长口袋形，卵盖乳黄色，中央凹陷，两端突起，边缘无附属物。若虫：5龄，与成虫相似，初孵时绿色。复眼桃红色，2龄黄褐色，3龄出现翅芽，4龄超过第1腹节，2、3、4龄触角端和足端黑褐色，5龄后全体鲜绿色，密被黑细毛。触角淡黄色，端部色渐深。眼灰色。

3. 发生规律　北方年发生3～5代。以卵在植株残体和土中越冬。翌年春3—4月旬均温高于10 ℃或连续5日均温达11 ℃，相对湿度高于70％，卵开始孵化。成虫寿命长，产卵期30～40天，发生期不整齐。成虫飞行能力强，喜食花蜜，羽化后6～7天开始产卵，非越冬代卵多产在嫩叶、茎、叶柄、叶脉、嫩苗等组织内，7—8月危害较重。

4. 防治方法

（1）清洁田园。我国北方地区栽培韭菜，到严寒季节，地上大部分叶片枯萎，只留根茎在土壤中越冬，地面枯萎的韭菜叶片成了盲蝽的有利越冬场所。因此，冬前及时清除枯叶，可降低越冬虫源，减轻危害。

（2）适时浇灌。4—5月是北方地区春暖干旱季节，也是盲蝽繁殖的适宜时期，如及时浇水，促进韭菜旺盛生长，提高抗虫能力，可防止虫害蔓延。

（3）药剂防治。用50％辛硫磷乳油1 000倍液或0.5％甲氨基阿维菌素苯甲酸盐乳油800～1 000倍液、2.5％溴氰菊酯3 000倍液喷雾防治，7～8天1次，连喷2～3次即可。

十一、蝼蛄

蝼蛄又名拉拉蛄、土狗子，有非洲蝼蛄和华北蝼蛄两种。

1. 危害症状　蝼蛄为多食性害虫，多在夜间活动，喜食各种蔬菜，特别是韭菜苗期和保护地蔬菜生产中，由于气候温暖，蝼蛄活动早，危害较严重。成虫、若虫均可危害，通过将韭菜根茎部咬断成乱麻状，造成缺苗断垄。在韭菜育苗期，它在土表层穿行形成许多隧道，使幼苗根与土壤分离，造成幼苗干枯死亡。

2. 形态特征　华北蝼蛄，又称单刺蝼蛄，体形较大。成虫体长3.6～5.5厘米，黄褐色，前胸背板心形凹陷不明显。前足短粗，胫节变宽，上有4个扁齿，跗节基部有2个锐齿，适合在土中掘成隧道，故称开掘足。后足胫节背面内侧仅1个刺或消失。

非洲蝼蛄，体形较小。成虫体长3.0～3.5厘米，灰褐色，腹部色较浅，全身密布细毛。头圆锥形，触角丝状。前胸背板卵圆形，中间具一明显的暗红色长心脏形凹陷斑。前翅灰褐色，较短，仅达腹部中部。后翅扇形，较长，超过腹部末端。腹末具1对尾须。前足为开掘足，后足胫节背面内侧有4个刺。

3. 发生规律　华北蝼蛄3年发生1代，非洲蝼蛄1年发生1代。均以成虫或若虫在地下越冬。翌年4月进入表土活动，4月下旬至

6 月上旬气温 12.5～19.8 ℃、20 厘米土温 15.2～19.9 ℃、土壤含水量 20％以上时危害最严重。6 月下旬至 8 月潜入土中越夏，此时为产卵盛期。9 月上旬气温降低，又上升到表土危害。气温在 12.5～19.8 ℃、20 厘米土温在 15.2～19.9 ℃，土壤含水量在 20％以上时发生危害最重。潮湿、疏松、沙壤土地块内发生较重。

4. 防治方法

（1）农业防治。施用完全腐熟的有机肥料，可减轻或避免蝼蛄危害。

（2）物理防治。①黑光灯诱杀。蝼蛄有较强的趋光性，有条件的地方可用黑光灯诱杀，尤以温度高、天气闷热、无风的夜晚诱杀效果较好。②毒饵防治。用 90％晶体敌百虫 50 克，加 1.5 千克温水，拌入 7.5 千克炒香的麦麸或棉籽饼，傍晚撒放在田间诱杀。③毒谷防治。每亩用干谷 0.5～0.75 千克，煮至半熟，捞出晾至半干，再拌入 2.5％的敌百虫粉 0.3～0.45 千克，拌匀后晾至 7～8 成干，于傍晚顺沟或穴施诱杀蝼蛄。④粪便诱杀。在受害严重的区域，每间隔 3 米左右挖长、宽各 0.3 米、深 0.5 米的方坑，贮存牛马粪 1～1.5 千克，上盖青草，清晨掀草搜虫捕杀。

（3）人工挖穴灭虫卵。夏季在蝼蛄产卵盛期，结合田间管理工作，找到蝼蛄产卵之处，先铲去表土，找到产卵洞口，往下挖 5～10 厘米，就可挖到卵，再往下挖 8 厘米左右，即可发现雌虫和卵，应一起消灭。

十二、蛴螬

蛴螬又名白地蚕、白土蚕，是鞘翅目金龟甲幼虫的总称。

1. 危害症状 蛴螬是金龟子的幼虫，主要啃食播下的块根、块茎或咬断菜苗的根茎，造成缺苗断垄，或取食萌发的种子和嫩根，或咬断苗根茎。被害植株容易因伤口而引起病菌侵染，常造成缺苗或幼苗倒伏。

2. 形态特征 蛴螬体肥大弯曲成近 C 形，幼虫体长 40 毫米左右，体大多白色，有的黄白色。体壁较柔软，发亮多皱。体表疏生细毛。头大而圆，多为黄褐色或红褐色，生有左右对称的刚毛，常作为分种的特征。胸足 3 对，一般后足较长。腹部 10 节，第 10 节称为臀节，其上生有刺毛，刺毛数目和排列也是分种的重要特征。

3. 发生规律　一年发生 1 代。以成虫和幼虫在土中越冬，5—7月成虫大量出现。成虫趋光性强，有假死性，亦趋未腐熟的有机肥。卵多产在湿润而松软的土壤或粪肥中。幼虫终生在地下活动危害，所以幼虫的活动与土壤温湿度变化有直接的相关性。当耕作层 10 厘米地温达 23.3 ℃，土壤含水量为 15％～20％时，最适宜幼虫活动。夏季气温上升、土壤干燥时，当年刚孵化的小蛴螬则下潜到土壤深处不食不动，待秋季气温稍下降后再回到表土层活动。因此，春秋两季是蛴螬危害多种幼苗的严重时期。如果夏季多雨，土壤湿度大，生荒地，厩肥施用又较多的苗圃地，则蛴螬发生特别严重。当温度下降到10 ℃时，蛴螬又向深土层转移，停止危害。翌春 3—4 月，土温回升，蛴螬也逐渐向上活动，当土温回升到 15 ℃时，蛴螬可到表土层活动。

4. 防治方法

（1）农业防治。蛴螬发生严重的地区，秋冬翻地可把越冬的幼虫翻到地表使其风干、冻死或被天敌捕食，人工捕杀，防效明显。同时，应避免使用未腐熟的有机肥料，以防招引成虫来产卵。

（2）物理防治。有条件的地区，可设置黑光灯诱杀成虫，减少蛴螬的发生数量。

（3）生物防治。保护和利用茶色食虫虻、金龟子黑土蜂、白僵菌等天敌。

（4）药剂防治。蛴螬发生严重地区，幼苗受害严重时可喷 50％辛硫磷乳油 1 000 倍液或用 25％甲萘威可湿性粉剂 800 倍液灌根防治。

十三、地老虎

地老虎俗名土蚕、切根虫，有大地老虎和小地老虎两种。

1. 危害症状　地老虎属杂食性害虫，以幼虫在地下危害多种蔬菜，咬断幼苗近地面的嫩茎，并常拖入洞中，仅将上部叶片露在洞外，造成缺苗断垄。

2. 形态特征

（1）小地老虎。成虫：体长 16～23 毫米，翅展 42～54 毫米，深褐色，前翅由内横线、外横线将全翅分为 3 段，具有显著的肾状斑、环形纹、棒状纹和 2 个黑色剑状纹。后翅灰色无斑纹。卵：长 0.5 毫米，半球形，表面具纵横隆纹，初产乳白色，后出现红色斑纹，孵化前灰黑色。幼虫：体长 37～47 毫米，灰黑色，体表布满大小不等的颗粒，臀板黄褐色，具 2 条深褐色纵带。蛹：长 18～23 毫米，赤褐色，有光泽，第5～7 腹节背面的刻点比侧面的刻点大，臀棘为 1 对短刺。

（2）大地老虎。成虫：体长 20～25 毫米，褐色，前翅无黑色剑状纹，前缘近翅基2/3 呈黑褐色。幼虫：体长 35 毫米左右，末龄达41～60 毫米，体表多皱纹，颗粒不明显，臀板全部深褐色。

3. 发生规律　小地老虎年发生代数由南至北不等，一般南方一年发生 5～6 代，北方一年发生 2～4 代。以蛹和老熟幼虫在土中越冬。一般 3 月上旬初见成虫，成虫对酸甜和黑光灯趋性较强，昼伏夜出交配产卵，卵多散在靠近地面的根茎或杂草上。初孵幼虫先吃掉卵壳，数小时后分散活动。3 龄前多在表土或杂草、寄主植物心叶内危害，3 龄后开始转入地下，夜间出来活动并迁入菜田危害。幼虫行动敏捷，以春季发生最多，危害最重，并有迁移危害的习性。

大地老虎一年发生 1 代，以幼虫越冬，翌年 4—5 月与小地老虎同时混合发生为害。有越夏习性，成虫喜食蜜糖液，卵产于植物近地面的叶片或土块上。

4. 防治方法

（1）清洁田园。早春铲除地头、地边、田埂、路边的杂草，并带出田外深埋或焚毁，可消灭部分卵和幼虫，减少危害。

（2）诱杀成虫。用糖醋液或黑光灯诱杀成虫。

（3）诱杀幼虫。将泡桐叶用糖醋液浸湿后，于傍晚均匀放入田间，每亩 70～80 片叶，翌日清晨揭开树叶即能捕杀幼虫。

（4）毒饵诱杀。幼虫危害作物近地表的根茎部时，可用毒饵诱杀4 龄以上的大虫。

（5）撒施毒沙。用 2.5％敌百虫粉剂每亩 1.5～2 千克，拌细沙

10千克，于傍晚撒在植株周围，可杀死夜间出来危害的幼虫。

（6）人工防治。在田间发现断苗时，每天清晨拨开断苗附近的表土，即可发现幼虫，连续捕捉几天，也可收到较好的效果。韭菜幼苗期浇水时，地老虎幼虫被水淹出，漂于畦表时可及时捕捉。

（7）药剂防治。对3龄前的幼虫，用20%氯氰菊酯乳油3 000倍液或20%氯虫苯甲酰胺悬浮剂4 000～4 500倍液地面喷防，间隔5～7天1次，连续喷洒2～3次即可。或每亩用2.5%敌百虫粉剂1.5～2千克加10千克细土制成毒土，撒在植株周围。对3龄后的幼虫可用50%辛硫磷乳油1 000倍液灌根防治，能杀死土中的大龄幼虫。

第四节　韭菜草害及防治技术

杂草是农业生产的大敌，尤其栽培韭菜的地块，杂草更易滋生和猖獗。因为韭菜的苗期长，从播种到定植，需要80～100天，且韭苗出土后，叶片纤细，生长速度慢，地面长期裸露，通风透光好，杂草能以它旺盛的生命力迅速生长。韭菜地草害特点：一是发生早，早期危害重。杂草往往在韭菜未出苗时就发生，优先占领空间，在光照和肥水竞争中占有优势，韭菜生长处于劣势，杂草生长旺盛、根系强大、竞争优势强。二是发生危害期长，一年四季均可发生。三是发生量大，并且多种杂草并存，各种杂草又是分期出苗，很难用除草剂一次全灭。特别是旋花科、石竹科和菊科的一些杂草，对除草剂不敏感，防除时期短，难度更大。如果除草不及时，则草茂于韭菜，幼苗全被杂草掩盖，无法正常生长，出现"草吃苗"的现象，所以，韭菜田除草是韭菜栽培管理中一项十分重要的工作。韭菜在苗期和养根期，植株小、密度较大，除草工具又难以发挥作用，随着幼苗生长杂草也迅速生长，使除草工作特别耗费人工。如不及时除草，会造成韭菜植株细弱甚至死亡，一般韭菜田每年需除草5～6次，每亩耗费人工25～30个，是韭菜栽培中最费人工的农活。韭菜田杂草不仅与韭菜争取营养、水分、光照、生长空间，而且还能作为中间寄主传播病虫害，严重影响着韭菜的产量和商品性状。

一、主要杂草种类

我国北方韭菜地常见的杂草很多，有一年生的、二年生的，也有宿根性多年生的。一年生杂草，多由种子繁殖，俗语说"立秋十八天寸草结籽"，只要在其开化结籽前抓紧除草，下年就不会大量繁殖，如禾本科的狗尾草、稗、马唐，苋科的野苋菜、马齿苋，藜科的灰菜等。二年生杂草一般是种子当年发芽生长，冬天来临停止生长，以根茎越冬，来年春季重新萌发新苗，并开花结籽，如菊科的苦苣、十字花科的芥菜等。多年生杂草，除以种子繁殖外，还可以地下根茎、鳞茎越冬，来年春季重新萌发返青，如菊科的蒲公英、车前科的车前子、旋花科的旋花、莎草科的莎草等。韭菜田间一般为以阔叶草为主的双子叶杂草，主要有小旋花、马齿苋、铁苋菜、田旋花、地锦、小蓟等。其次是禾本科为主的单子叶杂草，如牛筋草、马唐等。

二、除草剂种类

韭菜田除草剂的种类，可分为地面密封型、茎叶处理型和广谱型三种。使用除草剂要根据说明书谨慎使用，以防发生药害。具体使用哪种除草剂，应根据草害的种类和使用时期的不同合理选择。

地面密封型除草剂有二甲戊灵（施田补）、地乐胺、杀草胺、扑草净、乙草胺等。

茎叶处理型除草剂有精喹禾灵、氟乐灵、氟吡甲禾灵、精吡氟禾草灵、乙氧氟草醚、溴苯腈、氟咯草酮等。

广谱型除草剂如草甘膦、草胺磷等。这类除草剂对所有的作物都具有杀伤力，不仅可以杀死杂草，使用不当也可以杀死韭菜，关键是适时适地合理使用。一是可以在韭菜田四周、水渠和畦埂上使用，但有风天气不能使用。二是可在韭菜收割后，下茬未露出地表前喷洒，以防治田旋花、茅草、莎草、大蓟、小蓟、多年生菊科杂草等一些人工根除困难，采用选择性除草剂亦不能根除的恶性杂草。

三、杂草防治方法

1. 人工除草　莎草，属莎草科，别名回头草，为多年生草本植物，是一种最难除且对韭菜危害最重的杂草，必须采取人工消灭的办法。在地下生有细长的匍匐茎，并有纺锤形的块茎——香附子。莎草每年每株结种子 1 200 粒以上，生块茎 5 个左右，多者达 13 个，且块茎均生长在 3～15 厘米深的土壤中，一般的中耕除草和化学防除措施不易杀死，必须人工除草：①深锄捡拾地下茎是消灭莎草的根本方法；②在莎草生长旺盛的地块连年种植大豆或花生，创造遮阴无光的环境也可杀除莎草；③在莎草生长旺盛的地边、田头，用草甘膦除草剂一次性喷洒或对田间的莎草进行单株涂抹，防治效果也很好；④根据农民的经验，灌水淹草 3～5 天后，深翻掩入地下。

2. 化学除草　化学除草剂的使用，国外从 20 世纪 70 年代开始大量发展，我国从 80 年代初开始推广应用。化学除草剂可大幅提高除草效果，节约大量的人力，提高农作物的产量和质量。但是，在应用除草剂时必须了解不同除草剂的杀草机理，选择适宜的种类，确定适当的用量，掌握好使用方法，才能收到事半功倍的效果。

（1）播种后出苗前喷施。韭菜播种后浇完水 2～3 天用二甲戊灵 100～150 毫升密封，均匀喷洒地面。喷药时要倒退式进行作业，防止踩破地面更有利于形成药膜，提高对杂草的防治效果。出苗后如出现单子叶杂草可每亩用 5％精喹禾灵乳油 35～40 毫升均匀喷洒杀除，阔叶草每亩可用 25％溴苯腈（阔立清）乳油 75 毫升均匀喷洒进行除草作业。施药后使地面形成药膜，有效期可达 30 天左右。也可用 60％杀草胺可湿性粉剂 0.3～0.4 千克、50％扑草净可湿性粉剂 0.1 千克喷雾。

（2）苗后茎叶处理。出苗前没有使用除草剂或第一次施药 30 天后药效已过，杂草大量萌发时，人工来不及拔草，杂草长到 3～5 叶期间，每亩用 50％禾草精克乳油 0.1 千克或 5％精喹禾灵乳油 80 毫升、12.5％氟吡甲禾灵乳油 30 毫升进行茎叶喷雾，喷后单子叶杂草大量死亡。以上 3 种除草剂属于选择性韭菜田专用除草剂，对韭菜是安全的。此外，结合浇水，可提高除草效果。韭菜苗期，一般不再喷药。苗期对双子叶杂草可人工拔除。

（3）成株期喷施。应在韭菜收割后待刀口愈合方能喷施。每亩可用 48％氟乐灵乳油 0.1～0.15 千克或 50％扑草净可湿性粉剂 0.1 千克、50％利谷隆可湿性粉剂 0.1 千克＋50％扑草净可湿性粉剂 0.1 千克喷雾。如果禾本科杂草较多，可加用 5％精喹禾灵乳油 80 毫升喷雾。

（4）老韭菜田易生长香附子、田旋花、蒲公英等多年生杂草，一般采用对韭菜安全的除草剂，可每亩用 30％草甘膦水剂 300～500 毫升，兑水 30～40 升施用。为确保韭菜安全，可以先收割韭菜，收割韭菜时将收割工具多深入地面 1～2 厘米，避免韭菜茬露出地面，均匀喷施杂草茎叶，等待 5～7 天后，杂草茎叶枯黄，再中耕、施肥、浇水。

06
第六章 防灾减灾措施

一、克服灾害性天气对韭菜设施生产的影响

影响韭菜设施栽培的灾害性恶劣天气有：大风、大雪、寒流降温、连阴天和阴（雪）后骤晴。这4种天气常常相伴而来，给韭菜设施生产带来严重影响。

1. 克服大风对韭菜设施生产的影响 大风来前，及时检查，更换和拉紧压膜线，使棚膜绷紧并附在骨架上，并做好破损棚膜、骨架、通风口及棚门等的修理工作。大风期间随时检查棚室压膜线、压膜地锚等固定棚膜物的状况，发现问题及时处理，防止棚膜被风掀起。

2. 克服雪后或连阴天后骤晴韭菜设施生产的影响 雪后或连阴天后骤晴，如果马上揭草苫，棚室内温度会迅速升高，光照增强，造成韭菜植株大量向外蒸腾水分，而此时地温还没有上升，根系的吸水力极弱，难以满足叶片的蒸腾需要，极易造成萎蔫。为了防止这种情况出现，晴天后可采取揭花苫、反复揭盖草苫的方法，使韭菜逐渐适应温度升高和强光照。如果使用的是卷帘机，晴天后可至少分三段逐渐升起棉被或草苫。

3. 克服大雪和寒流降温对韭菜设施生产的影响 大雪和寒流期间往往有剧烈降温，此时保证设施条件下韭菜生长对温度的需要是韭菜设施生产的关键。为了保证韭菜设施安全生产，大雪和寒流来袭时应做以下措施：①严格检查棚室的密封性，将棚室密封严实，减少缝隙散热；②在棚室内搭建小拱棚等多层覆盖措施；③增加光照，以光补热；④有加温设备的棚室可在大幅降温时进行人工加温；⑤大雪前，将棚室前清理干净，留出足够的空间存放清扫下来的积雪，并

在棚室骨架薄弱处临时添加支柱，避免积雪清扫不及对棚室造成破坏，下雪期间，及时清扫棚上积雪，尽量减少积雪对棚室的压力。

二、克服灾害性天气对韭菜露地生产的影响

影响露地韭菜生产的灾害性天气主要有倒春寒、夏季持续高温和大雨。

1. "倒春寒"对韭菜露地生产的影响　韭菜萌发后，随着气温的不断升高，生长开始加速，此时若遇"倒春寒"，温度大幅度下降甚至发生霜冻，会导致韭菜出现叶片枯黄滞长的现象，严重时会使韭菜冻死。预防"倒春寒"对韭菜露地生产影响的措施有以下4种。

（1）根部培土防寒。韭菜根部培土，抬高土壤对韭菜基部的保护，既可以增加韭菜的防冻性，也可以疏松土壤，改良土壤结构，增强土壤的通透性，有利于韭菜根系的生长发育。

（2）施入草木灰或农家肥防冻。草木灰富含钾元素，还有一定的杀菌效果，撒入韭菜地，既能减少韭菜病虫害，补充钾肥，同时也有提高地温的效果。如果没有充足的草木灰，也可以每亩韭菜地撒入1 500千克左右的农家肥，对预防"倒春寒"也有一定作用。

（3）遮盖塑料布或农作物秸秆等物防寒。在"倒春寒"天气到来之前，提前用塑料布或农作物秸秆把韭菜地遮盖起来，等天亮温度升高后及时掀开，到了傍晚再次覆盖，这样做具有很好的保温效果。

（4）浇水防冻。在"倒春寒"天气到来之前，对韭菜地适当进行浇灌，增加土壤湿度，也能起到一定的土壤保温效果。但在降温幅度较大的情况下，最好还要进行遮盖。

2. 夏季大雨过后对韭菜露地生产的影响　夏季大雨过后，如果排水不及时，田间湿度过大，会造成韭菜烂根，韭菜疫病高发。我国南方地区夏季雨水多，多采用高畦栽培的方法减少雨水过多对韭菜的影响。我国北方地区不易发生涝害，如果短时间下雨过多，造成田间积水，应及时开沟排水，待地面稍干后进行中耕除草，降低韭菜田的湿度，减少韭菜疫病的发生。

3. 夏季持续高温对韭菜露地生产的影响　夏季持续高温（30～

35℃）天气，对韭菜生长极为不利，会造成韭菜生长停止，叶尖干枯。为了避免持续高温对韭菜生产的影响，可采用以下措施：①加强韭菜田水分管理，避免韭菜田干旱，加重高温危害；②覆盖50％～75％的遮阳网，减少阳光直射，不仅可以降温，还能降低韭菜纤维素含量，提高韭菜品质。

主 要 参 考 文 献

陈忠府，尹守恒，吕爱琴，等，2004. 韭菜栽培化学除草技术 [J]. 中国果菜，
4（5）：25.

李莎莉，吴琦，徐帅，等，2018. 韭菜生物活性及其药食资源开发进展 [J]. 食
品研究与开发，39（9）：197－202.

尹守恒，刘宏敏，等，2007. 韭菜 [M]. 郑州：河南科学技术出版社.

尹守恒，原毅彬，陈中府，等，2007. 韭菜小拱棚秋延后高产高效栽培技术 [J].
现代农业科技，4（21）：27，31.

尹守恒，余汉党，等，2019. 韭菜绿色栽培 12 讲 [M]. 郑州：中原农民出版社.

图书在版编目（CIP）数据

韭菜生产关键技术一本通 / 陈建华等编著. -- 北京：
中国农业出版社，2024. 8. --（码上学技术）. -- ISBN
978 - 7 - 109 - 32041 - 3

Ⅰ. S633.3

中国国家版本馆 CIP 数据核字第 20244TT461 号

韭菜生产关键技术一本通
JIUCAI SHENGCHAN GUANJIAN JISHU YIBENTONG

中国农业出版社出版

地址：北京市朝阳区麦子店街 18 号楼

邮编：100125

责任编辑：李 蕊　史佳丽

版式设计：杜 然　责任校对：吴丽婷

印刷：中农印务有限公司

版次：2024 年 8 月第 1 版

印次：2024 年 8 月北京第 1 次印刷

发行：新华书店北京发行所

开本：880mm×1230mm　1/32

印张：4.75　插页：2

字数：141 千字

定价：28.00 元

791

大黄苗

大马蔺韭菜

冬韭王

汉中冬韭

杭州雪韭

航研998

津引1号

韭　宝

绿　宝　　　　　　　　　马蔺韭　　　　　　　　　内蒙古韭

棚　宝　　　　　　　　　平丰 7 号　　　　　　　　平丰 8 号

平丰 22 号　　　　　　　平丰 27 号　　　　　　　青格子

天津大青苗

西峡野生韭

小蒲韭

豫韭菜一号（平韭2号）

长沙香韭

竹竿青

斑点型韭菜灰霉病

韭菜锈病

湿腐型韭菜灰霉病

蓟马危害状

韭蛆

韭蛆危害后症状

韭蛆危害症状

潜叶蝇

潜叶蝇危害症状

跳甲危害

韭菜氨害